RECHERCHES GÉOLOGIQUES

SUR

LES ENVIRONS DE VICHY

(ALLIER)

PAR

Gustave F. DOLLFUS

COLLABORATEUR A LA CARTE GÉOLOGIQUE DE FRANCE
MEMBRE ET LAURÉAT DE LA SOCIÉTÉ GÉOLOGIQUE DE FRANCE
MEMBRE DES SOCIÉTÉS
GÉOLOGIQUE DU NORD, LINNÉENNE DE NORMANDIE, ZOOLOGIQUE DE FRANCE
DE LA SOCIÉTÉ BELGE DE GÉOLOGIE ET D'HYDROLOGIE
CORRESPONDANT DE LA SOCIÉTÉ GÉOLOGIQUE DE LONDRES
ETC., ETC.

AVEC CINQ PLANCHES

PARIS

COMPTOIR GÉOLOGIQUE DE PARIS

15, RUE DE TOURNON, 15

1894

RECHERCHES GÉOLOGIQUES

SUR

LES ENVIRONS DE VICHY

(ALLIER)

PAR

Gustave F. DOLLFUS

COLLABORATEUR A LA CARTE GÉOLOGIQUE DE FRANCE
MEMBRE ET LAURÉAT DE LA SOCIÉTÉ GÉOLOGIQUE DE FRANCE
MEMBRE DES SOCIÉTÉS
GÉOLOGIQUE DU NORD, LINNÉENNE DE NORMANDIE, ZOOLOGIQUE DE FRANCE
DE LA SOCIÉTÉ BELGE DE GÉOLOGIE ET D'HYDROLOGIE
CORRESPONDANT DE LA SOCIÉTÉ GÉOLOGIQUE DE LONDRES
ETC., ETC.

AVEC CINQ PLANCHES

PARIS

COMPTOIR GÉOLOGIQUE DE PARIS

15, RUE DE TOURNON, 15

1894

RECHERCHES GÉOLOGIQUES

SUR

LES ENVIRONS DE VICHY (ALLIER)

INTRODUCTION

Les recherches géologiques que nous avons faites aux environs de Vichy ont eu principalement pour but de nous éclairer sur l'origine probable des eaux minérales qu'on y remarque dont la réputation est si bien justifiée.

L'examen des eaux minérales constitue, en effet, un des problèmes les plus intéressants, relevant du domaine de la géologie, et il ne nous paraît pas qu'elles aient été étudiées jusqu'ici à ce point de vue comme elles méritent de l'être. Longtemps on a considéré l'origine des eaux minéralisées comme un problème insoluble, hors de notre portée, et on a fait intervenir pour les expliquer une foule de phénomènes souterrains incertains et compliqués. On s'est plu à reléguer leur point de formation dans des régions inaccessibles. On peut, en lisant ce qu'écrivait hier encore M. de Lapparent dans son beau traité de géologie, ouvrage classique, se rendre compte avec quelle timidité et quelle prudence ce problème est généralement abordé : l'auteur ne cite qu'un seul exemple, et avec réserve, d'après un géologue allemand, de l'origine rapprochée et tangible d'une eau minérale.

Nous sommes portés, au contraire, à considérer, en général, la minéralisation des eaux souterraines comme un phénomène relativement simple et facile à résoudre, en empruntant à la chimie, à la stratigraphie et à l'hydrostatique leurs données les plus élémentaires.

On arrivera à trouver quelles sont les roches plus ou moins profondes qui, par une décomposition chimique normale, ont pu céder aux eaux souterraines les éléments que nous y retrouvons en dissolution. La limite qui sépare les eaux dites minérales des eaux ordinaires est toute conventionnelle et très différemment appréciée; les eaux forment le véhicule de substances les plus diverses qui s'y combinent et s'y séparent en un perpétuel mouvement; elles dissolvent certains éléments avec lesquels elles se trouvent en contact et les déposent ailleurs quand elles en sont surchargées, et ce, d'après des lois qui commencent à être aujourd'hui bien connues. Nous arriverons certainement un jour à reproduire dans les laboratoires les procédés de la nature.

Deux écoles sont en présence pour expliquer l'origine des eaux minérales de Vichy : l'une, qu'on peut qualifier d'école volcanique, a compté parmi ses adeptes MM. Élie de Beaumont, Lecocq, Bouquet, Voisin, Julien, etc., elle admet que l'eau vient d'une profondeur très grande, inférieure probablement au granite et liée aux phénomènes éruptifs dont le Plateau Central a été le théâtre à une époque géologique relativement récente ; et, bien qu'on trouve dans Bouquet et dans Voisin beaucoup de détails de nature à éclairer le géologue sur l'origine des eaux, il semble que ces auteurs se sont bornés surtout à constater ces faits sans chercher à les expliquer. La seconde école, qu'on peut désigner sous le nom d'école chimique et qui a eu pour principaux défenseurs MM. Murchison, Gumbel, Auscher, De Launay, a cherché quelles étaient les roches autour de Vichy ayant pu fournir les éléments de la riche minéralisation de ses eaux, par voie d'altération, de mélange, de double décomposition, etc., et comment elles venaient au jour.

C'est à la suite de ces derniers géologues et chimistes que nous n'hésitons pas à nous ranger et nous voulons, en groupant tous les éléments du problème, présenter une étude spéciale de la disposition géologique des couches des environs de Vichy et de la composition chimique des eaux spéciales qui y arrivent au jour.

Historique. — La géologie propre des environs de Vichy n'a donné lieu qu'à des publications restreintes, dont on trouvera la liste dans un appendice bibliographique. Quatre ou cinq auteurs ont donné des renseignements un peu complets : c'est d'abord Bouquet (1855), qui a été aidé dans cette partie de son travail par des savants éminents, comme Dufrénoy et de Sénarmont ; il a donné une carte géologique dans laquelle les masses minérales sont assez bien délimitées. Plus récemment, M. Voisin a examiné les couches anciennes de la vallée du Sichon et donné une foule de détails précieux sur la venue de chaque source. M. de Launay s'est efforcé de démêler les dispositions architecturales des couches anciennes. M. Gronnier a donné des coupes de détail et M. Auscher, des renseignements chimiques multiples. Nous reviendrons plus loin sur les travaux de ces auteurs, quand nous examinerons les diverses hypothèses qui se sont produites sur l'origine spéciale des eaux minérales de Vichy.

Situation. — Vichy est situé au bord de l'Allier, grande rivière à régime torrentiel, coulant du sud vers le nord, à l'altitude de 260 mètres, sur une terrasse de graviers appartenant au diluvium quaternaire. A l'ouest, sur la rive gauche de l'Allier, la plaine diluvienne s'étend sur une largeur et une étendue considérables ; à l'est, au contraire, le terrain ne tarde pas à se relever et des assises marneuses et calcaires d'âge tertiaire apparaissent au jour ; on les constate près de la gare, passant près du nouvel hôpital et formant un grand cercle jusqu'à la limite de la commune auprès de l'Allier.

En s'éloignant davantage à l'est, on arrive à Cusset, qui est bâti, partie sur les alluvions du Sichon, affluent de l'Allier, et partie sur les marnes tertiaires. Au sud, se dresse une grande colline sur laquelle est assis le village du Vernet et qui est formée d'une alternance multiple de couches marneuses et calcaires, d'âge tertiaire, légèrement inclinées au nord. Derrière cette colline, au sud-est, en remontant la vallée du Sichon, on trouve brusquement sous les terrains tertiaires des couches toutes différentes. C'est un tuf porphyrique en strates redressées verticalement et qui présente des aspects assez divers. C'est en général une roche grenue, noirâtre, d'aspect gréseux, traversée par des filons verticaux d'un porphyre à grands cristaux blancs feldspathiques.

En remontant la même vallée du Sichon, diverses carrières permettent de se rendre compte de la succession des roches et, avant l'Ardoisière, on tombe sur un poudingue relevé verticalement qui appartient à la série carbonifère ; enfin, après avoir reconnu diverses autres roches, grauwacke et schistes, en marchant toujours au sud, on finit par rencontrer une sorte de granite sans mica, une pegmatite à éléments plus ou moins grossiers. Si, d'autre part, on poursuit géographiquement ces diverses roches, on ne tarde pas à découvrir que le granite et les roches analogues forment à la périphérie de Vichy-Cusset un vaste circuit formant bassin, qui commence un peu au nord de Saint-Yorre et, contournant Cusset, remonte au nord-est vers Saint-Étienne-de-Vicq.

Les collines au nord de Vichy et celles échelonnées sur la rive gauche de l'Allier sont constituées par des assises tertiaires comme celles du Vernet. Ce sont principalement les eaux quaternaires qui ont si profondément entaillé et isolé les collines tertiaires ; elles ont laissé en bien des points des traces de leur action par l'abandon de cailloux roulés, de blocs de roches anciennes, d'origine lointaine, à diverses altitudes

et en plaquages inattendus, comme au débouché du Sichon dans la
plaine de Cusset sur la rive gauche, et à la Montagne-Verte, au nord
de Vichy.

TABLEAU GÉOLOGIQUE DES TERRAINS DES ENVIRONS DE VICHY

Pléistocène.	Moderne. . .	{	Alluvions de l'Allier, du Sichon, etc.
			Éboulis au bas des pentes abruptes.
	Quaternaire .		Diluvium de l'Allier, terrasses basses et moyennes.
Tertiaire. .	Pliocène (?) .		Hauts graviers au-dessus de Cusset, à la Montagne-Verte, haute terrasse de la rive gauche de l'Allier, etc.
	Miocène. . .		Basaltes.
	Oligocène . .	{	Supérieur : Calcaire du Vernet à *Helix Ramondi*.
			Moyen : Marnes bleues, hydrauliques, de Cusset.
			Inférieur : Arkose des Grivats. (Éocène ?)
Primaire. .	Carbonifère .	{	Supérieur : Porphyrites du Sichon (Culm).
			Moyen : Poudingues, schistes, grès et calcaires de l'Ardoisière.
			Inférieur : Schistes noduleux.

Micropegmatite de Saint-Yorre. . } Roches d'intrusion d'âge indéterminé.
Granite de Molles. . . . . . . }

Les terrains secondaires manquent complètement. Il n'y a aucune
trace de crétacé, ni de jurassique, ni de triasique, soit que tout ou
partie de cette longue série ne se soit pas déposée sur cette région du
Plateau Central, soit que les sédiments formés pendant cette même
durée aient été entièrement dispersés par des dénudations postérieures.

PREMIÈRE PARTIE

DESCRIPTION ET ALLURE DES ROCHES

ROCHES D'INTRUSION

Micropegmatite. — Granite.

C'est sur la route de Saint-Yorre à Bourbon-Busset qu'on peut étudier avec le plus de fruit les roches granitiques de la région. On y voit les couches schisteuses noires du carbonifère relevées, tordues, bouleversées, repliées en tous sens par une roche cristalline massive, d'intrusion violente. L'aspect macroscopique de cette roche présente une coloration rouge ou rose vif très élégante; les cristaux d'un feldspath spathique sont mêlés de cristaux de quartz vitreux, l'examen microscopique montre qu'il s'agit d'une micropegmatite typique très cristalline, passant à l'Elvan, les feldspaths sont l'orthose et l'oligoclase; il n'y a pas d'albite, pas de mica, mais quelques nids d'une matière noirâtre ou verdâtre foncée, qui doit être de l'épidote. M. Ed. Bonjean, chef du laboratoire du Comité consultatif d'hygiène publique, a bien voulu faire une analyse détaillée de cette roche intéressante et il a trouvé :

Micropegmatite rose (granite) de Saint-Yorre (route de Busset), grande carrière sur la rive gauche du ravin.

Silice totale (Si O²)	75,0
Alumine (Al² O³).	6,2
Oxyde de fer (Fe² O³).	2,9
Soude (Na O) ⎱ Potasse (K² O) ⎰	14,1
Perte au rouge.	1,8
	100,0

Il n'y avait ni fluor, ni chlore, ni acide sulfurique, ni acide phosphorique, pas de chaux, de magnésie, ni de manganèse, bien que ces éléments aient été recherchés avec soin.

On remarquera combien cette roche est acide ; les trois quarts de son poids sont formés par la silice et la proportion d'alcali est considérable et inattendue.

Évidemment, cette micropegmatite est plus récente que les schistes noirs qu'elle a injectés ; mais, comme nous ne savons sur quoi elle repose et que nous ne connaissons pas de roches sédimentaires, datées par des fossiles, plus anciennes que ces schistes noirs dans toute la région, force nous est de la considérer comme l'infrastratum général. Notons que ces schistes noirs sont orientés de l'ouest à l'est et que les filons ou nappes granitiques sont interstratifiés dans le même sens. Au contact du granite et des schistes les venues d'eau sont fréquentes et les schistes noirs passent au jaune ou au rouge : on pourrait supposer qu'ils ont subi une cuisson intense, si cette rubéfaction ne pouvait s'expliquer également par la décomposition du fer existant dans le granite. En quelques points les schistes au contact du granite se sont chargés de nodules ou ganglions siliceux à tendance maclifère.

Il faut noter encore que la micropegmatite rose de Saint-Yorre, qui s'étend loin au midi vers Mariol, Châteldon et Puy-Guillaume, est coupée de nombreux filons de quartz blanc parallèles, orientés de l'est à l'ouest et dont les débris paraissent avoir fourni certains éléments aux galets du poudingue carbonifère et du poudingue de l'arkose tertiaire.

D'autre part, il est parfaitement certain que cette poussée de roches cristallines est postérieure aux schistes noirs et que ces derniers étaient déposés depuis longtemps quand leur stratification a été si énergiquement troublée.

Le granite vrai ne fait pas défaut aux environs de Vichy, mais il s'observe dans un rayon un peu plus éloigné. Il apparaît en divers points de la haute vallée du Sichon ; il forme la masse presque entière du Puy-de-Montoncelle, montagne située à l'origine de la vallée et la plus élevée de la région (1,260 mètres d'altitude). On peut encore l'observer à un kilomètre au nord-est de Cusset sur la route de Saint-Gérand-le-Puy, où il recouvre tout l'espace compris entre les vallées du Joland et du Mourgon. *(Note de M. Michel Lévy.)* M. Auscher signale des terrains granitiques profondément altérés et transformés en kaolin aux environs de Mayet-de-Montagne, de Lalizolle, de Colettes, etc. Nous avons observé des phénomènes analogues sur la route de Molles.

M. Leverrier qui, dans le Forez et le Roannais, a eu l'occasion d'étudier soigneusement les relations de la microgranulite et du granite, considère qu'elle joue nettement par rapport au granite le rôle de coulée, contournant les massifs et se développant dans les synclinaux. On peut d'ailleurs constater dans ces coulées des modifications profondes de structure : tandis que dans la partie inférieure la roche a pris une cristallisation plus large, granitoïde ; dans la partie supérieure, la roche est devenue compacte et uniforme, pétrosiliceuse. Nous pensons qu'il y a là une simple question de métamorphisme et nous ne saurions y voir la preuve de diverses coulées, le passage d'une roche à l'autre est continu et insensible.

Ce n'est pas ici le lieu de discuter l'origine des roches d'intrusion ni même d'analyser les belles études que M. Michel Lévy vient de publier sur le granite de France (1). Les seules observations personnelles que nous ait fournies la région de Vichy sont relatives au contact de la micropegmatite à des schistes noirs.

L'eau étant le véhicule obligé du transport des éléments et l'agent principal des modifications chimiques des roches, on comprendra que sa circulation souterraine présente un intérêt tout spécial, qui peut aider à donner la clef de phénomènes de métamorphisme très différents, comme on sait, dans les divers contacts des terrains stratifiés et des roches d'intrusion. Tantôt le métamorphisme de contact est si intense que les schistes sont transformés en gneiss, etc.; tantôt, au contraire, la modification est nulle. Or, le transfert des éléments par l'eau peut se faire dans des conditions très différentes aussi. Soit que les roches se soient trouvées plongées pendant une durée de temps considérable au-dessous du niveau de saturation des eaux, au-dessous du niveau d'écoulement des liquides, la mouille est alors permanente avec une circulation à peine sensible et il ne peut y avoir qu'une sorte d'autométamorphisme très limité chimiquement par suite d'un simple groupement différent des mêmes molécules, mais qui peut être fort étendu géographiquement. Soit que les roches soient situées au-dessus de la zone de saturation, dans une région où les liquides sont incessamment renouvelés, où ils sont porteurs d'éléments étrangers à la composition des roches qu'ils traversent, entraînant et chassant avec rapidité des éléments toujours nouveaux et actifs, pouvant donner naissance à une modification profonde dans la nature des terrains traversés, c'est un exométamorphisme qui entraîne des changements plus profonds, mais d'ordre moins général que l'autométamorphisme, et qui se traduit, par exemple, sous nos yeux, par des dépôts d'ordre filonien dans les cassures.

Dans les roches de Saint-Yorre, le métamorphisme est susceptible d'être analysé sous ces divers aspects. La silicification du schiste et le développement des mâcles nous apparaissent comme dus à un métamorphisme ancien, antérieur à la position actuelle des couches, par un transport à faible distance de matières également imbibées dans une eau à peine circulante. La fragmentation des strates, leur désordre sont dus à une action mécanique de second ordre (dynamométamorphisme), qui a

---

(1) MICHEL LÉVY. Le Granite de Flamanville et le Granite français en général. *(Bull. Cent. Géol. Franç.*, N° 36, 1893).

troublé le développement des macles et secoué des ganglions déjà formés. Enfin la pourriture des couches, leur rubéfaction, leurs cavités, sont dues à une modification de troisième ordre, de date relativement récente, agissant depuis que les eaux atmosphériques, agressives et rapidement circulantes, ont pris naissance par suite de l'élévation du sol ou de la descente du plan de saturation par l'ablation du massif, transformation continue, en progrès sous nos yeux. L'attention éveillée sur ces points, nous ne doutons pas qu'on ne trouve des applications nombreuses à l'explication que nous venons de proposer.

TERRAINS PRIMAIRES

Schistes anciens.

L'âge de tous les schistes de la vallée du Sichon était resté enveloppé d'une profonde incertitude jusqu'au moment où le célèbre géologue anglais Murchison, venu chercher la santé à Vichy, y découvrit en 1850 divers fossiles qui furent déterminés comme d'âge carbonifère par les paléontologues. La bande fossilifère, formée de schistes un peu calcareux, est visible sur la rive droite du Sichon, un peu avant d'arriver à l'Ardoisière, un ancien four à chaux et quelques excavations dans la hauteur permettent de recueillir encore des fossiles. Depuis Murchison, le Dr Julien, professeur de géologie à la Faculté de Clermont-Ferrand, a fait une étude spéciale de la faune primaire des petits bassins isolés du Plateau Central. Il a déterminé d'abord 79 espèces, puis 120 fossiles de l'Ardoisière appartenant à l'étage carbonifère de Visé, calcaire carbonifère supérieur de la Belgique, entre autres : *Productus giganteus. Productus Cora, Chonetes papillonacea, Spirifer bisulcatus, Palœchinus, Evomphalus,* etc.

Et la conclusion générale de son étude est que, tandis que tous les lambeaux de schistes calcareux du Plateau Central sont d'âge carbonifère supérieur, étage de Visé, tous les dépôts du Morvan seraient de l'âge carbonifère inférieur, étage de Tournai ; un axe de dépression, allant de Digoin à Chagny et parcouru à peu près exactement par le canal du Centre, séparerait sous ce rapport le Morvan du Plateau central, délimitant dans deux aires distinctes les deux âges des calcaires carbonifériens.

Il s'en faut cependant que nous soyons parfaitement fixés sur l'âge et l'ordre de succession de tous les schistes gris, verdâtres ou noirs de la vallée du Sichon. Il existe au nord et au sud des couches fossilifères d'autres masses épaisses de roches stratifiées verticales qui n'ont pas fourni de fossiles et dont la classification reste incertaine.

Au sud, ce sont des schistes noirs compacts et uniformes, exploités autrefois à l'Ardoisière même, mais dont la qualité médiocre a suspendu l'extraction, puis des schistes grisâtres avec bancs de grès qu'on peut poursuivre à grande distance. A Roure, les feuillets orientés du N.-O. au S.-O. plongent de quelques degrés au N.-E. On marche sur la tranche des couches sur tous les plateaux de Baillon, des Séjournains et jusqu'au ravin des Remondins, entre le Vernet et Saint-Yorre.

Au nord, on rencontre d'épais bancs de poudingues. Les cailloux en sont plus ou moins roulés, tantôt parfaitement arrondis, tantôt à peine émoussés sur les angles et passant à la brèche. La taille de ces galets est fort variable : ils passent de la grosseur d'une noix à celle d'une tête ; en majorité ils sont de taille pugilaire. Ils sont composés de quartz blanc ou gris, de calcaire noir, plus rarement de grès et d'un microphyre noir. Dans les grands rochers qui sont formés par ce poudingue on observe souvent des cellules arrondies, alvéoles d'un galet qui a été dissous : nous avons pu nous assurer que les galets qui laissaient ainsi des vides étaient des galets de gypse anhydrite ; nous en avons rencontré quelques-uns à demi dissous. La photographie (*Pl.* I, *fig.* 1) prise sur la route de l'Ardoisière montre un escarpement vertical de ces poudingues. Le vallon qui monte du Sichon au Vernet par Bois-de-Chez donne une coupe de la région des poudingues; on constate plusieurs lits épais de 20 à 50 mètres, séparés par des schistes gris plus ou moins gréseux, inclinés légèrement au nord et toujours orientés E.-O. ou N.-O.-S.-O.

On peut résumer comme suit cette succession de roches.

— *Etage du Culm.*

<table>
<tr><td rowspan="5">Série
Carbonifère
(pars.)</td><td>Schistes noirs et gris avec poudingues.</td></tr>
<tr><td>Schistes calcareux avec grauwackes fossilifères.</td></tr>
<tr><td>Schistes noirs compacts.</td></tr>
<tr><td>Schistes gris gréseux fragmentés passant à une grauwacke verdâtre et à un psammite noduleux.</td></tr>
<tr><td>Schistes noirs et rougeâtres (Cambrien ?).</td></tr>
</table>

— Intrusions de micropegmatite.

Au lieu dit les Veraux, sur la route de Molles, la pâte des poudingues est un grès de nuance claire. En remontant la vallée du Sichon vers Arronnes et Ferrières, on rencontre des schistes micacés, des psammites et enfin des bancs puissants d'un calcaire noir sans fossiles, toutes roches dont l'âge est difficile à fixer entre le dévonien et le cambrien.

Les poudingues et schistes de l'Ardoisière sont remplis de failles dont nous ne connaissons pas bien encore l'étendue et l'orientation, ces cassures subverticales ont été si brusques que les cailloux composant le poudingue se trouvent nettement coupés; on voit sur une surface plane la section des galets ronds, elliptiques ou plus ou moins polygonaux, montrant parfaitement la nature des roches composantes.

C'est en étudiant des poudingues analogues, à éléments plus ou moins volumineux et anguleux, gisant dans le bassin houiller de Saint-Étienne, que M. Julien a récemment cherché à prouver l'existence d'anciens glaciers dans le Plateau Central à l'époque houillère. Nous pensons que son hypothèse sera peu suivie; il faut aujourd'hui bien d'autres preuves pour faire accepter une extension glacière: des roches striées, des blocs franchement erratiques, des bourrelets morainiques, etc. Ce n'est point cependant une complète impossibilité et M. A. Falsan disait fort bien récemment qu'on devait comparer les phénomènes glaciaires anciens de la France centrale et méridionale aux glaciers actuels de la Nouvelle-Zélande, et non pas à ceux du Groënland. Dans la Nouvelle-Zélande, les glaciers descendent des sommets dans des plaines fertiles, couvertes d'une belle végétation et les fougères arborescentes prospèrent à côté des lacs morainiques.

Porphyrites du Culm.

Quand on pénètre par Cusset dans la vallée du Sichon ou dans celle de Malavaux, on rencontre une série de roches variées qui paraissent fort confuses au premier abord. Un examen détaillé montre que la partie principale de ces dépôts est formée d'une sorte de grès ou grauwacke noirâtre et verdâtre, exploité pour pavés, mal stratifié et redressé verticalement, qui est accompagné de nappes porphyriques de nature variée, redressées également. Ces grès, examinés au microscope, nous ont paru composés d'un amas confus de petits cristaux brisés de quartz et de feldspath, avec mica, formant une pâte tufacée toute spéciale. Ces éléments, non roulés, sont analogues aux produits volcaniques, mais leur stratification fait croire qu'ils se sont déposés sous la mer. Les porphyres se rattachent à deux types principaux : un orthophyre gris ou porphyre à grands cristaux d'orthose, un microphyre rose à cristaux de quartz. L'examen microscopique a montré que les premiers appartenaient au type des porphyres globulaires à quartz auréolé et à gros sphérulites vermiculés que M. Michel Lévy a si bien étudiés et décrits et qui abondent dans le Morvan, et les seconds, les porphyres fins, au type euritique passant à la micropegmatite. Toutes ces roches, d'ailleurs, si variées à l'examen macroscopique, se sont trouvées fort voisines sous le microscope et appartenir toutes à la grande famille des micropegmatites, très voisines, du granite de la route de Bourbon-Busset.

Ces porphyres ne coupent point irrégulièrement les grès porphyriques noirs; ils ne présentent en aucune façon ces digitations branchues, comme on les figure quelquefois; ils sont interstratifiés et forment des bandes verticales prolongées, orientées, disposées comme les porphyrites. Si ce sont le résultat d'éruptions volcaniques, ce sont des points bien éloignés des centres éruptifs et ce furent des coulées cristallines sous-marines stratiformes horizontales, alternant avec les tufs noirs porphyriques. Toutes ces couches se sont visiblement redressées depuis leur dépôt.

La carrière de la Motte montre un mur d'un bel orthophyre orienté N. 20°0. La carrière des Couteliers permet d'étudier le passage du tuf noir à l'orthophyre : le passage est continu, sans aucun joint, ni fente, ni marque de stratification ; sur une distance de 0ᵐ,15 à 0ᵐ,20, la roche noire devient grisâtre en même temps qu'elle se charge de cristaux d'orthose blancs ou roses, espacés d'abord et qui deviennent de plus en plus abondants. A la carrière Ferrand, nous avons observé de grosses masses arrondies de tuf gréseux noir noyées dans le porphyre à grands cristaux, comme on voit parfois dans un granite des parties à grain fin entourées de parties à gros éléments. Dans la carrière de la Grenette, un beau filon rose est orienté N. 10°0. et plonge de 30 degrés vers l'est.

Dans le haut des carrières, on constate une décomposition spéciale des porphyrites ; elles se fractionnent en grosses masses cubiques qui s'altèrent à la périphérie, et il se produit une désagrégation géodique analogue à celle qui s'observe dans quelques basaltes. L'aspect sphérique de ces blocs de grès noirs contraste avec l'arène sableuse du porphyre orthophyrique. Divers auteurs ont signalé des filons métallifères dans ces porphyres ; nous y avons constaté seulement quelques fentes enduites ou remplies de pyrite sans aucune importance. Nous n'avons pu saisir le contact même des tufs avec le poudingue carbonifère ni reconnaître ici son ordre de succession stratigraphique ; toutes ces roches sont beaucoup trop redressées pour qu'il soit possible de baser des conclusions sur leur pendage. Mais on connaît ailleurs ces tufs noirs porphyriques ; ils sont très développés dans la Haute-Loire et le Morvan et on a pu reconnaître leur position stratigraphique comme nettement inférieure au houiller exploité : on peut consulter sur ce point les travaux de Grüner et de M. Michel Lévy. Plus loin, dans le Beaujolais, M. Ebray a reconnu une alternance de porphyrites et de grauwacke à végétaux et il a déterminé les espèces suivantes : *Stigmaria ficoides, Sagenaria Welthemiana, Sphenopteris schimperiana, Cyclopteris polymorpha.* Cette flore est également celle de la grauwacke des Vosges si bien décrite par Schimper et Kœchlin Schlumberger, et, au point de vue géographique, elle démontre l'existence d'une vaste bande partant du Plateau central et gagnant l'Allemagne de l'ouest et du centre par une série de dépôts discontinus. Dans le Beaujolais, comme dans le Morvan et le Plateau Central, les porphyrites sont coupées et disloquées par de nombreuses failles obliques, orientées habituellement au nord-ouest. Vers l'ouest, MM. Michel Lévy et de Launay ont figuré sur la nouvelle carte géologique de France au millionième une série d'îlots s'espaçant en chapelet de l'est à l'ouest, blottis au nord du plateau granitique et isolés par des cassures des formations plus récentes. Il résulte de l'examen stratigraphique en ces divers lieux que les porphyrites sont toujours placées entre le calcaire carbonifère et le houiller véritable; on les désigne en Allemagne comme étage du Culm et on est tenté de les assimiler au *millstone gritt* de l'Angleterre, puissant grès à végétaux placé dans la même position stratigraphique. M. de Launay fait observer que les cailloux de porphyrites n'ont jamais été signalés dans les poudingues carbonifères, comme ceux de la vallée du Sichon, tandis qu'ils sont abondants dans les poudingues qui servent de base au terrain houiller, notamment à Commentry.

M. Leverrier, dans sa remarquable étude sur la géologie du Forez et du Roannais, a beaucoup observé les tufs feldspathiques; ces roches forment au centre du synclinal du Forez une large bande de huit à dix kilomètres, s'allongeant de Crémaux à Thizy et Amplepuis, où elle rejoint les formations analogues du Beaujolais. Le feldspath se présente en fragments brisés appartenant à un orthose sodique et montre à la lumière polarisée un réseau confus d'anorthose, dont les bords sont souvent imprégnés d'albite. Toute la description qu'il donne de ces roches s'applique parfaitement aux porphyrites de la vallée du Sichon il a reconnu des points où il y a passage insensible entre les coulées orthophyriques à grands cristaux et les amas d'aspect gréseux, puis aux grès feldspathiques d'origine franchement sédimentaire avec couches d'anthracites : ce sont alors les anthracites du Roannais, depuis longtemps décrits par Grüner. M. Leverrier n'a pas trouvé de cheminées de sortie de ces matières; il n'a pas reconnu de filons et d'injections digitées, mais, convaincu de leur origine volcanique, il parle de coulées et d'amas de projections intercalées dans les tufs, sans avoir pu tracer entre ces roches de démarcation précise. La partie supérieure de l'étage manque aux environs de Vichy, les anthracites et les poudingues supérieurs n'y sont point représentés.

Le contact des porphyrites contre les poudingues du carbonifère a lieu par faille, nous n'avons pas réussi à le saisir exactement dans la vallée du Sichon : il se produit dans un point où la vallée s'élargit, deux kilomètres avant l'Ardoisière, et où la rive droite est couverte d'éboulis, tandis que la rive gauche est chargée d'une forte végétation.

Il aurait été d'autant plus utile de le constater que l'orientation des couches du Culm paraît bien différente de celle des schistes carbonifères. Tandis que nous avons vu les schistes et les poudingues orientés de l'ouest 1/4 nord à l'est 1/4 sud, avec une tendance manifeste à l'orientation simple ouest-est, nous avons mesuré dans les porphyrites la direction nord 15° ouest-sud 15° est, avec tendance à l'orientation nord-sud, c'est-à-dire une stratification nettement contrastante entre les deux for-

— 15 —

mations, qui prouve que des mouvements importants du sol sont inter-
venus entre le dépôt des couches de schistes et de poudingues et celui
des masses porphyriques. Nous dirons de suite que les sources chaudes
de Vichy paraissent situées sur le prolongement d'une ligne prolon-
geant le contact contrastant de ces deux formations, cette ligne de fracture apparaissant nécessairement comme un point faible.

D'après les théories actuelles de l'agencement des couches en Europe,
nous observons que les roches carbonifères de Vichy, orientées du
nord-ouest au sud-est ont leurs strates dirigées comme la majorité des
couches dans l'ouest de la France et le bassin de Paris; elles ont été
soumises certainement au même système de plissement. Elles font partie
du système *armoricain*. Au contraire, les couches du Culm, qui ont une
orientation différente, ainsi que nous l'avons vu, appartiennent à un
système nord-est au sud-ouest, presque perpendiculaire au précédent,
qui est celui qui règne dans l'est de la France et l'Allemagne de l'ouest
et du centre, et qu'on peut désigner sous le nom de système *germa-
nique*. Les couches de Vichy montrent clairement que le système ger-
manique est postérieur aux plissements armoricains : c'était déjà la conclusion des études si remarquables d'Ébray, sur le département de la
Nièvre, et il nous est impossible de confondre ces deux mouvements
tranchants et successifs qui ont entraîné de profondes modifications
dans l'ancienne géographie sous le même nom de système hercynien.

Nous avons prié M. Ed. Bonjean d'analyser quelques-unes de ces
roches et voici les résultats de son examen :

(2)   EURITE ROSE DES GRIVATS

Carrière sous Bois-de-Chez, rive gauche du Sichon.

Micropegmatite typique.

(*Pâte feldspathique avec grands cristaux d'orthose et cristaux de quartz,
nids d'une substance verdâtre stéatiteuse.*)

Eau.	1.3
Perte au rouge.	3.7
Partie inattaquable aux acides.	85.8
Oxyde de fer et alumine solubles dans l'eau régale . . .	8.5
	100.»

Silice totale (Si O^2).	64.»
Alumine (Al^2 O^3).	12.3
Oxyde de fer (Fe^2 O^3).	5.5
Soude (Na^2 O)	11.1
Potasse (K^2 O)	1.7
	94.6

```
Fluor . . . . . . . . . . . . . . . . . . . . . .    0
Chlore . . . . . . . . . . . . . . . . . . . . .    Très faibles traces.
Acide sulfurique . . . . . . . . . . . . . . .      Faibles traces.
Acide phosphorique . . . . . . . . . . . . .        Traces notables.
Manganèse . . . . . . . . . . . . . . . . . .       Traces notables.
Chaux . . . . . . . . . . . . . . . . . . . . .     Traces.
Magnésie . . . . . . . . . . . . . . . . . . .      Traces.
```

La proportion de la soude est extrêmement considérable ; certainement, cette roche renferme de l'orthose sodique, car la proportion de potasse est trop faible pour correspondre à la quantité de ce feldspath bien discernable et très dominant.

(3)   TUF PORPHYRIQUE DU CULM

Grès noirâtre exploité pour pavés.
Ravin à l'est des Grivats, rive droite du Sichon.

```
Eau . . . . . . . . . . . . . . . . . . . . . . . . . .   0.1
Perte au rouge . . . . . . . . . . . . . . . . . . .      1.6
Partie inattaquable dans les acides.. . . . . . . . .     87.0
Oxyde de fer et alumine solubles dans l'eau égale. . . .  10.7
                                                         ─────
                                                          99.4

Silice totale (Si O²). . . . . . . . . . . . . . . . .    65.5
Alumine (Al² O³) . . . . . . . . . . . . . . . . . . .    17.95
Oxyde de fer (Fe² O³) . . . . . . . . . . . . . . . .     6.22
Soude (Na² O). . . . . . . . . . . . . . . . . . . . .    7.95
Potasse (K² O). . . . . . . . . . . . . . . . . . . .     0.55
                                                         ─────
                                                          98.17

Fluor. . . . . . . . . . . . . . . . . . . . . . .       0
Chlore . . . . . . . . . . . . . . . . . . . . . .       Très faibles traces.
Acide sulfurique, acide phosphorique . . . .             Traces.
Manganèse, chaux. . . . . . . . . . . . . .              Traces notables.
Magnésie . . . . . . . . . . . . . . . . . . .           Faibles traces.
```

La composition chimique est bien plus voisine de la micropegmatite rose qu'on ne pouvait le supposer ; les alcalis sont en moindre proportion, quoique très remarquables, et remplacés par de l'alumine ; elle confirme la relation donnée par l'examen miscroscopique et contraste absolument avec l'aspect extérieur des roches qui est extrêmement différent.

(4)   PORPHYRE GRIS. — ORTHOPHYRE A GRANDS CRISTAUX

Mur orienté dans les porphyrites noires les Grivats, carrière sur la rive droite du Sichon.
Porphyre globulaire (Michel Lévy).
Grands cristaux d'orthose porcelané dans une pâte grise, cristaux plus petits d'oligoclase, et petites mouches de pinite.

```
Eau. . . . . . . . . . . . . . . . . . . . . . . . . . . .   0.3
Perte au rouge. . . . . . . . . . . . . . . . . . . . . .    1.3
Partie inattaquable aux acides . . . . . . . . . . . .      91.1
Oxyde de fer et alumine solubles dans l'eau régale. . . .   7.3
                                                           ─────
                                                            100.0
```

Silice totale.	66.30
Alumine	8.16
Oxyde de fer	4.23
Soude	14.95
Potasse	4.56
	98.20

Fluor	0
Chlore	Traces.
Acide sulfurique, acide phosphorique	Traces.
Manganèse	Faibles traces.
Chaux	Traces.
Magnésie	0

Malgré l'aspect encore différent, nous restons bien dans la même famille de roches. La proportion de silice reste la même, mais l'alumine a diminué pour faire place à un très grand excès de soude. La potasse a augmenté aussi en notable proportion, en tout 19 1/2 0/0 d'alcalis, ce qui permet de supposer que la roche est presque exclusivement feldspathique, avec peu de quartz libre.

Dans toutes nos comparaisons analytiques, nous ne comparons que les chiffres bruts des bases et des acides, sans nous préoccuper de leur groupement; en effet, comme disait déjà la Commission académique formée par MM. Thénard, Chevreuil, Balard, Dufrénoy et de Sénarmont, dans son rapport élogieux sur le travail de M. Bouquet :

« Les acides et les bases doivent être inscrits dans les tableaux séparément, tels que les donnent les méthodes de séparation. Cette méthode n'a pas besoin d'être justifiée : c'est la seule qui rende directement comparables les résultats obtenus par des opérateurs différents. Les groupements salins, que chacun imagine ensuite entre les éléments divers primitivement confondus dans une même dissolution, ne sont la plupart du temps que des créations plus ou moins arbitraires de la fantaisie du calculateur; aucun principe général ne peut, en effet, venir en aide à une divination trop souvent illusoire. »

Il est bon de remettre en lumière ces paroles que tant d'analystes modernes semblent oublier et de mettre en garde ceux qui s'en servent contre les groupements faits pour les besoins de telle ou telle bonne cause ou de telle ou telle théorie.

TERRAINS TERTIAIRES

Arkose des Grivats.

Quand on remonte la vallée du Sichon, en arrivant aux Grivats, on est frappé par la présence de vastes carrières situées à une grande hauteur sur la rive gauche du cours d'eau. Ces carrières montrent des cou-

2

ches peu inclinées, coupant nettement les assises primaires verticales. C'est une des plus belles discordances qu'on puisse voir; les porphyrites, les filons, les poudingues, les schistes sont arrasés par un vaste plan suivant la base d'une épaisse formation de grès-arkose légèrement inclinés au nord-ouest. Plusieurs bonnes coupes sont faciles à relever dans cette masse: voici une succession qui peut servir de type.

COUPE DE LA CARRIÈRE AU-DESSUS DES GRIVATS.

12. Sable terreux, blocaux.	$1^m,00$
11. Grès-arkose avec cailloux, beau banc de.	$1^m,50$
10. Marne grise.	$1^m,00$
9. Arkose jaune fine.	$0^m,50$
8. Marne stratifiée, jaune et bleue.	$0^m,40$
7. Arkose fine, jaune et bleue.	$1^m,80$
6. Marne bleue fine	$0^m,60$
5. Arkose grossière avec gros cailloux.	$2^m,10$
4. Marne bleue et jaune.	$0^m,70$
3. Arkose grossière.	$2^m,00$
2. Marne grise feuilletée (niveau d'eau)	$0^m,40$
1. Sable gris ou rougeâtre formé de grains désagrégés de porphyrite, visible sur	$0^m,20$

Les photographies (Planche II, fig. 1 et 2) donnent une idée des carrières où ces roches sont exploitées.

Tout le mamelon de Bois-de-Chez (orthographié Beaudechet sur la carte de l'Etat-Major), coté 452 au sommet, est formé des mêmes roches; rien que des débris fragmentés des roches primaires voisines. Le grain de l'arkose est fort variable; l'exploitation montre, tantôt un poudingue à gros éléments, à cailloux roulés de quartz liés par une pâte vitreuse de grès feldspathique, tantôt un grès fin argileux, molassique. Dans tous les chemins montants, notamment dans ceux qui des Grivats vont au Vernet, on peut voir les couches orthophyriques et euritiques désagrégées au sommet passant à l'arkose qui en renferme tous les éléments, des bandes subverticales porphyriques orientées du nord au sud, de couleurs diverses, roses ou verdâtres, imprégnées d'eau et perdant toute consistance rappelant les magmas kaoliniques.

Les couches d'arkose sont jaunes ou rouges à l'extérieur et dans tous les endroits exposés à l'air depuis longtemps; elles sont bleues partout où l'exploitation met à découvert des couches qui n'ont pas été atteintes par les actions atmosphériques.

Nous n'avons pas trouvé de fossiles déterminables dans les divers lits marneux qui séparent les bancs d'arkose, seulement quelques débris végétaux; les ouvriers déclarent avoir trouvé des empreintes de poisson, mais nous n'avons pu en voir aucune.

M. Gronnier a donné des coupes de la carrière de Bois-de-Bas en face des Grivats et de celle du Bois-de-Chez située plus haut; il y a trouvé également quelques traces végétales. Il a mesuré une inclinaison au nord-ouest de 10 degrés : nous considérons cette estimation comme un minimum, nous avons mesuré des pentes de 20 et 25 degrés, dirigées ouest 10 degrés nord.

Nous avons pensé devoir faire analyser un type de porphyre désagrégé sous l'arkose et un échantillon même de l'arkose pour connaître ce que les alcalis des porphyrites devenaient en présence de cette transformation mécanique et de cette reconstitution tertiaire en une roche nouvelle de la roche primaire.

(5)   PORPHYRE ARÉNACÉ VERDATRE

sous l'arkose

Chemin du fond du vallon qui des Grivats monte au Vernet.

Eau.	0.1
Perte au rouge.	2.4
Partie inattaquable aux acides	93.3
Oxyde de fer et alumine solubles	3.6
	99.4
Silice totale (Si O^2).	68.8
Alumine ($Al^2 O^3$).	13.6
Oxyde de fer ($Fe^2 O^3$).	3.95
Soude ($Na^2 O$)	9.35
Potasse ($K^2 O$).	1.20
	96.90
Fluor	0
Chlore.	Très faibles traces.
Acide sulfurique, acide phosphorique.	Traces.
Manganèse, chaux	Traces.
Magnésie.	Faibles traces.

(6)   POUDINGUE-ARKOSE

Roche exploitée pour bâtir dans la Carrière de Bois-de-Chez,
rive gauche du Sichon (assise n° 3 de notre coupe).

Eau	0.2
Perte au rouge.	1.3
Partie inattaquable aux acides.	95.7
Oxyde de fer et alumine solubles dans l'eau régale.	2.7
	99.9
Silice	83.9
Alumine.	3.9
Oxyde de fer	2.6
Soude.	7.1
Potasse	0.85
	98.35

On voit par ces analyses que la proportion des alcalis reste considérable : la silice est très dominante dans l'arkose, l'alumine diminue, elle s'est concentrée pour former les lits marneux qui séparent les lits grenus de l'arkose, la proportion relative de la soude et de la potasse reste à peu près la même et la quantité de soude reste exceptionnelle.

La position stratigraphique de l'arkose est bien nettement établie à la base, elle paraît tout d'abord moins claire au sommet. M. Viquesnel dit franchement qu'il n'a pas réussi à voir les relations de l'arkose avec le calcaire du Vernet. M. Gronnier n'attaque pas la question, il dit seulement : « De l'autre côté du ruisseau de la Courie nous trouvons, à l'altitude de 418 mètres le village du Vernet où l'on ne remarque plus aucune trace d'arkose, mais le calcaire à phryganes ». Il est impossible cependant de concevoir qu'une formation aussi puissante que celle des arkose et poudingues des Grivats, qui n'a pas moins de 70 mètres d'épaisseur, n'ait pas quelque étendue et disparaisse en moins d'un kilomètre. Nous avons donné toute notre attention à cette question importante et nous avons vu l'arkose plonger sous les marnes de Cusset et le calcaire du Vernet de toutes parts.

Elle forme un bassin géographique, qui est justement le bassin de Vichy ; au nord, elle se prolonge sous le mamelon de Barentan et ses bancs réglés sont visibles à la montée des Grivats à ce hameau. A la descente vers Cusset, l'arkose est masqué par un puissant diluvium ancien du Sichon, d'âge probablement pliocène ; mais on voit réapparaître les bancs d'arkose au moulin de la Motte sous le diluvium : je l'ai reconnu dans le lit du Sichon affleurant sur près d'un kilomètre de longueur dans le coude de cette rivière au sud de Cusset.

L'arkose est bien connue sous Cusset et elle s'abaisse progressivement au nord-ouest. Le sondage de la source Andreau, en 1891, à Cusset, a rencontré l'eau minérale dans les lits de l'arkose à 35 mètres de profondeur ; les autres forages anciens de Cusset plus au nord ont rencontré le poudingue à diverses profondeurs croissantes vers le nord-ouest. Les sources Saint-Jean, Sainte-Elisabeth, Sainte-Marie, de Tracy, Lafayette ont trouvé l'eau minérale entre 89 et 116 mètres de profondeur dans l'arkose ; on ne comprend pas que M. Voisin ait mis en doute l'indication de poudingue fournie par le foreur, M. Degousée, dans le forage du puits Sainte-Marie et c'est certainement par erreur d'attribution que M. Ronfet n'a signalé aucune couche de cette nature dans le sondage du cours Lafayette.

Les poudingues se poursuivent au nord-est dans la direction de Chassignol et de Bost.

Dans le vallon de la Curie, les marnes de Cusset paraissent fort réduites et comme écrasées entre l'arkose et le calcaire du Vernet, peut-être les couches d'arkose sont géniculées et la stratification un peu discordante.

Nous avons suivi l'arkose au sud vers les Jonas et elle forme toute la masse du promontoire des Jacquets au delà de la cote 362 ; elle vient au coupe-gorge des Bernardins pincée entre les schistes carbonifères et la marne tertiaire oligocène à cypris. On a retrouvé l'arkose dans les forages d'Hauterive où sa puissance est d'environ 55 mètres et les échantillons que nous avons vus provenant des nouvelles sources d'Hauterive, montrent un sable quartzeux très grossier plus ou moins agrégé, alternant avec des marnes vertes ou grises, plus ou moins sableuses.

L'arkose des Grivats est un terrain bien connu dans les vallées de la Loire et de l'Allier; il forme des couches puissantes irrégulièrement distribuées, ayant emprunté ses éléments à la désagrégation des roches anciennes quartzeuses des montagnes du bassin. On n'y connaît point d'éléments volcaniques et l'arkose est certainement antérieure à ces manifestations spéciales.

Peu de fossiles y ont été signalés et encore il n'est pas sûr qu'ils appartiennent tous au même horizon. Dans la Haute-Loire, M. Grüner a signalé des empreintes de cérithes et de cyrènes, et près d'Issoire M. Julien a trouvé également une cyrène déterminée comme *Cyrena semistriata Desh. (Cyrena convexa Brongn.)* et MM. Michel Levy et Munier Chalmas ont signalé des lits calcaires à *Melania (Striatella) arvernensis.*

Le dépôt d'arkose n'est pas continu et sur certains points le calcaire de la Limagne repose directement sur le granit, comme à Gannat. Près d'Ebreuil, sur la Sioule, l'arkose est réduite à 4 mètres suivant M. Gronnier, et M. Baudin lui a trouvé une épaisseur de 223 mètres dans la région de Commentry. Du reste, il est aisé de comprendre qu'une assise formée de sables et de débris désagrégés doit avoir une épaisseur variable et un âge difficile à fixer. On peut dire qu'à toutes les époques la désagrégation du Plateau Central à produit des alluvions sableuses plus ou moins grossières, suivant les points, et de composition et d'épaisseur variables. Pendant la durée de la formation des calcaires de la Limagne, on connaît à plusieurs niveaux et en divers points des dépôts d'arkose, et nous aurons l'occasion d'en signaler dans le chapitre suivant. Enfin, après l'oligocène, pendant le miocène propre, de vastes arènes se sont détachées du Plateau Central pour couvrir la Sologne et s'avancer à travers le bassin de Paris jusqu'à la mer de la Manche. Une auréole de sables détritiques de divers âges entoure le Plateau Central, mais la position stratigraphique de l'arkose des Grivats, qui plonge sous les marnes bleues de Cusset, permet de reculer son âge parmi les plus anciens dépôts tertiaires de cette nature.

Marnes hydrauliques de Cusset.

Au-dessus de l'arkose et par une transition de couches variées, dont le détail est mal connu, apparaît tout un système de marnes bleues et de calcaires marneux blanchâtres, propres à faire de la chaux hydraulique, qu'on peut observer très facilement dans une carrière à droite de la grande route de Vichy à Cusset et près du pont sur le Sichon, à l'entrée de Cusset.

Voici une coupe, relevée à la carrière de Cusset, qui donnera une idée de la composition de ce terain :

Mètres.

19. Terre végétale argileuse.	1,00
18. Marne blanche.	0,10
17. Marne grise	0,30
16. Filet d'argile verte	0,01
15. Marne grise	0,30
14. Marne argileuse brune feuilletée, ferrugineuse	0,60
13. Marne calcaire blanche à cassures noires.	0,50
12. Marne gris foncé et gris clair	0,50
11. Marne blanche à cassures noires.	0,25
10. Argile marneuse bleue feuilletée.	0,15
9. Marne blanche pure	0,18
8. Marne feuilletée brune et bleue	0,70
7. Marne calcaire blanchâtre.	0,20
6. Marne bleue stratifiée, analogue à 8.	0,60
5. Calcaire marneux compact	0,75
4. Marne brunâtre feuilletée	0,12
3. Marne bleuâtre stratifiée, exploitée.	1,10
2. Délit noir ligniteux et sulfureux.	0,05
1. Marne feuilletée bleuâtre à plusieurs zones diversement coloriées.	1,20

Une photographie (pl. I, fig. 2) donnera une idée de l'allure des couches.

Je n'ai vu, comme fossiles, que des traces végétales et des carapaces d'un petit crustacé d'eau douce, le *Cypris faba* qu'on découvre par myriades entre chaque feuillet de marne. M. Gronnier, qui a donné la coupe de la même carrière, y signale *Lymnea pachygaster* et *Planorbis cornu* (?). Il a parfaitement suivi le même niveau à Vichy, à côté du nouvel hôpital, dans les berges de l'Allier, au village d'Abrest, et dans les tranchées du chemin de fer au nord et au sud de Vichy. Les forages des diverses sources de la région se sont enfoncés dans ce système marneux et calcaire; il se prolonge dans la Limagne avec un beau développement. Près de Clermont, sous la montagne de Gergovie, on trouve dans ces marnes bleues le *Potamides Lamarcki* Brongt et de nombreux ossements, principalement d'oiseaux ; probablement, on trouverait des ossements fossiles analogues à Cusset si l'on cherchait avec une assiduité suffisante. En montant au Vernet, on peut estimer les couches marneuses à *Cypris faba* comme puissantes de 80 mètres au moins (1).

---

(1) *Cypris faba* Desmarest, petit crustacé bivalve, espèce décrite d'abord par A.-G. Desmarest, en 1813, *Bulletin des Sciences. Soc. Philom.*, p. 259, pl. IV, fig. 8, et par le même auteur plus longuement, en 1822, *Hist. nat. des crustacés fossiles*, 2ᵉ partie, Paris, in-4°, p. 141, pl. XI, fig. 8, d'après des échantillons donnés par M. Cordier, provenant de Gergovie, et d'autres spécimens recueillis par M. de Drée, entre Vichy et Cusset. Voyez encore Bosquet, *Entomostracés fossiles*, Bruxelles, 1852, in-4°, p. 48, pl. II, fig. 7. Cette forme, dont l'étendue dans l'espace et dans le temps paraît considérable, nécessite de nouvelles études.

Il est impossible de dire, comme nous l'avons vu, si les marnes bleues reposent en absolue concordance sur l'arkose, et, dans tous les cas, leur inclinaison au nord-ouest est bien plus faible ; mais nous pouvons nous assurer qu'elles sont surmontées d'une façon concordante par le calcaire à *Helix* du Vernet ; la transition est parfaitement ménagée, les couches deviennent de plus en plus calcaires, et il est bien difficile de dire où commence le calcaire du Vernet et où finissent les marnes de Cusset ; il est difficile de dire aussi si le forage d'Hauterive les a rencontrés ou s'il est resté exclusivement dans l'arkose : nous serions portés à leur attribuer la couche n° 6, de 11^m,75 d'épaisseur, composée de marne grise feuilletée, traversée entre 13^m,25 et 25 mètres de profondeur et qui surmonte une série de sables argileux, représentant l'arkose sur une puissance de 55 mètres. M. Bouquet a analysé trois échantillons de ces marnes, recueillies à diverses profondeurs dans le puits foré de Sainte-Élisabeth, à Cusset, et il y a trouvé une proportion assez forte de soude et de potasse solubles dans l'eau bouillante.

Calcaire à Helix du Vernet.

Quand on s'élève au-dessus de Vichy, soit au nord à la Montagne-Verte, soit au sud pour gagner le village du Vernet, on rencontre des carrières qui présentent des bancs multiples d'un calcaire plus ou moins tendre, alternant avec des lits de marnes et des lits concrétionnés, et appartenant à la vaste formation du calcaire de la Limagne qui est situé sur le même horizon que le calcaire de la Beauce.

Voici une coupe prise dans la première carrière, à gauche de la grande route qui monte de Vichy au Vernet, et qui donnera une idée de la composition de ce système :

21. Terre végétale.	0^m,20
20. Calcaire tabulaire fissuré dur	0^m,45
19. Argile verte et brune avec concrétions calcaires.	0^m,20
18. Calcaire blanc tendre entre deux lits durs	0^m,20
17. Argile brune feuilletée.	0^m,10
16. Calcaire celluleux jaunâtre.	0^m,30
15. Marne verte.	0^m,05
14. Calcaire blanc et jaune avec Hélix.	0^m,80
13. Argile grise.	0^m,10
Calcaire blanc ou jaune	0^m,15
12. Argile verdâtre variable d'épaisseur. . . . . 0^m,05 à	0^m,15
Calcaire analogue à 10	0^m,70
11. Argile brune stratifiée	0^m,07
10. Calcaire blanc exploité pour la chaux	1^m,10
9. Argile ferrugineuse et concrétions calcaires en choux-fleurs.	0^m,15

```
      ( Calcaire blanc. . . . . . . . . . . . . . . . . . . . . .  0m,40
  8.  { Filet argileux . . . . . . . . . . . . . . . . . . . . .   0m,02
      ( Calcaire blanc. . . . . . . . . . . . . . . . . . . . . .  0m,60
  7.  Sable granitique pur. . . . . . . . . . .  0m,10 à  0m,30
      ( Filet brun  0m,01 . . . . . . . . . . . . . . . . . . )
  6.  { Marne blanche, 0m,10 . . . . . . . . . . . . . . . . }  0m,25
      ( Argile brune avec concrétions, 0m,15 . . . . . . . . )
  5.  Calcaire blanc irrégulièrement épaissi par sa liaison avec
        les concrétions du lit supérieur. . . . . . . .  0m,15 à  0m,35
  4.  Argile brune avec concrétions à la base. . . . . . . . .  0m,20
  3.  Calcaire blanc concrétionné au sommet et phryganes . .  1m,20
  2.  Argile brune, noire, bleue ou jaune . . . . . . . . . .  0m,55
  1.  Calcaire jaune. . . . . . . . . . . . . . . . . . . . .  (ép. indét.)
```

L'église même du Vernet est construite sur un calcaire un peu siliceux assez dur, à l'altitude de 418 mètres.

Certains bancs sont pétris de coquilles d'eau douce *Lymnea* et *Planorbis*, dans d'autres les *Helix* dominent et dans la plupart abonde encore le petit crustacé *Cypris faba*. De nombreux calcaires concrétionnés donnent un aspect tout particulier à certains lits, ces concrétions s'épanouissent comme des choux-fleurs en rognons branchus, arrondis, divergents. On a cherché à attribuer à ces calcaires une origine geysérienne et on a cru en trouver la preuve dans la formation de ces concrétions. Une éruption intense, qui aurait amené par voie interne d'une origine inconnue des flots de carbonate de chaux, aurait déterminé la formation spéciale de ces lits. Mais la vie paisible des nombreux animaux qu'on rencontre dans ces couches oblige à combattre cette manière de voir. Jamais, d'ailleurs, il n'a été possible de découvrir dans aucune des nombreuses carrières ouvertes dans cette formation de cheminées d'éruption, de points par lesquels les matières internes auraient surgi; c'est par des précipitations chimiques simples que se sont formés ces lits de rognons alternant avec des lits marneux finement stratifiés ou des lits calcaires pétris de dépouilles d'animaux variés. On peut croire que le lac de la Limagne avait une profondeur médiocre, car les lits à hélix, ceux à indusies se sont certainement formés presque à fleur d'eau ; les ossements de rhinocéros découverts un peu partout, les traces végétales, tout concourt à démontrer une formation plutôt palustre que lacustre. Les couches dites à indusies doivent nous arrêter un instant : ce sont des bancs calcaires dans lesquels on retrouve en très grande abondance les fourreaux d'une larve d'insecte névroptère de la famille des phryganiens, sorte de tube ou induse calcaire formée par l'agglutination de particules diverses. Pictet a fait une étude spéciale des phryganes et M. Oustalet en a distingué deux espèces d'après des différences dans la nature et l'arrangement des matériaux agglutinés : *Phryganea corentiana*, *P. gerandiana*. On trouvera dans Lyell des figures explicatives et comparatives des formes vivantes et fossiles,

(Indusia tabulata Bosc.) La coquille la plus caractéristique est *Helix Ramondi* décrite par Brongniart dès 1810, provenant de Pont-du-Château près de Clermont. *(Annales du Muséum,* tome XV, pl. xxiii, fig. 5, Paris, in-4°.)

Tout récemment M. P. Gautier a découvert dans une argile siliceuse faisant partie des couches à *Potamides Lamarckii* du Puy-de-Mur, près de Pont-du-Château, d'innombrables débris de diatomées mêlés avec des fragments de poissons et des grains de pollen de conifères. Il a étudié ces diatomées et il a observé qu'elles appartenaient en majorité à des genres marins ; il en a déduit la présence de la mer dans la Limagne pendant l'époque miocène, notre période oligocène moyenne ; mais cette conclusion nous paraît insuffisamment établie, car tous les autres animaux sont d'eau douce. La présence de potamides dans une couche ne suffit pas pour la faire considérer comme marine, car ces mollusques habitent non seulement l'embouchure des fleuves dans les régions tropicales, mais les parties plus élevées dépourvues de toute salure. Les traces de la mer contemporaine du calcaire de Beauce ne sont réellement pas connues dans le nord de la France, mais seulement dans la Gironde.

M. Julien a résumé comme suit la classification des assises tertiaires de la Limagne *(in Lapparent) :*

Miocène	{ Marnes à *Melania aquitanica* et à végétaux de Merdogne. { Marnes à *Anchitherium* de Saint-Gérand.
Oligocène	4. { Calcaire à *Helix Ramondi* de Pont-du-Château. { Calcaire à *Phryganes*, divers niveaux à pépérites. 3. { Calcaire et marne à *Lymnea pachygaster*. { Marnes feuilletées à *Cypris faba*. 2. — Marnes à *Potamides Lamarckii*, gypse, débris d'oiseaux, poissons, *Paludina Dubuissoni* à Gergovie, Corent, Royat, Issoire, Aurillac. 1. — Arkose et argiles bariolées avec traces végétales, *Betula dryadum* et mélanies avec marnes calcaires au sommet contenant *Cyrena convexa*.

M. Gronnier a donné de nombreuses coupes des exploitations du calcaire à Hélix des environs de Vichy, le Vernet, Montpensier, Chaptuzat, Creuzier-le-Vieux, Billy, Saint-Germain-des-Fossés, qui ne présentent pas de particularités notables. Les couches paraissent presque horizontales, faiblement inclinées au nord-ouest, elles ont été entaillées profondément par les vallées actuelles : ainsi, à Vichy où nous sommes à l'altitude de 260 mètres, l'ablation atteint 150 mètres d'amplitude, car les couches se correspondent dans les collines du nord au sud à une altitude supérieure à 400 mètres.

Basaltes.

La plupart des auteurs ont noté avec soin et paraissent avoir attaché une grande importance aux roches basaltiques des environs de Vichy, cherchant à relier l'origine des eaux thermales de Vichy avec les phénomènes volcaniques dont l'Auvergne a été le théâtre à l'époque miopliocène. En réalité, les basaltes ne jouent aucun rôle aux environs de Vichy, et la disparition architechtonique des couches aussi bien que la nature des roches éloignent complètement Vichy des formations spéciales de l'Auvergne.

Les pointements basaltiques connus sont les suivants :

Le Mont-Peyroux au-dessus de l'Ardoisière ;

La Poivrière en face de Saint-Yorre, rive gauche de l'Allier ;

Saulzat à 5 kilomètres à l'est de Cusset sur la rive droite de Joland, îlot de 300 mètres de diamètre ;

Bagnetier, près Audelaroche, à 8 kilomètres à l'est de la Palisse.

Il faut éliminer de suite Bagnetier et Saulzat, qui sont en réalité fort loin de Vichy et consistent en amas basaltiques de peu d'épaisseur isolés sur la pegmatite. La Poivrière, à 2 kilomètres et demi au sud-ouest de Saint-Yorre, est un îlot de basalte en partie prismatique de 150 mètres de large sur 400 mètres de long à l'altitude de 282 mètres ; il repose sur des marnes tertiaires appartenant probablement aux marnes de Cusset.

Le gîte du Mont-Peyroux est plus visité ; il consiste en quelques blocs d'une roche noire très dure, avec cristaux vitreux dispersés de péridot, qui sont visibles dans les fondations et les dépendances d'un ancien château féodal. Ce dépôt subcirculaire peut avoir un diamètre de 250 mètres ; il repose sur un grès schisteux, formant la pâte du poudingue carbonifère à l'altitude approchée de 460 mètres.

On ne voit ni cheminée d'éruption, ni coulée, rien qu'un amas local sans caractère et sans influence sur la géologie de la région.

Dans le temps, les basaltes d'Auvergne sont bien nettement reconnus aujourd'hui comme postérieurs aux sables de la Sologne et antérieurs au diluvium des hautes terrasses ; on en connaît plusieurs horizons différents et des couches alluviales intermédiaires, fossilifères, permettent de reconnaître qu'ils ont débuté à la fin du miocène ; que leur maximum d'importance a été pendant la durée du pliocène, et qu'ils se sont éteints à la fin du pléistocène, au seuil de l'époque actuelle.

Pliocène et Pléistocène.

Les terrains formés de cailloux roulés et de sables détritiques sont nombreux aux environs de Vichy ; leur classement est difficile : ils s'échelonnent depuis le pliocène jusqu'aux temps modernes, sans que leur composition suffise à les distinguer ; les fossiles y sont rares et c'est plutôt par leur gisement et l'altitude à laquelle ils sont situés qu'on peut les distinguer.

La vallée de l'Allier est fort ancienne ; elle existait déjà à la fin du miocène et les travaux de M. Boule, en particulier, sur la haute vallée de l'Allier, ont contribué à démêler son histoire. Dans la région haute de l'Allier, les cailloutis diluviens des divers âges, protégés à diverses hauteurs par des éruptions volcaniques qui les ont couverts, sont restés intacts et abondamment fossilifères, parfaitement datés. Nous sommes conduits, d'après cela, à considérer comme pliocène les plus hauts graviers des collines des environs de Vichy, abondants surtout sur les plateaux de la rive gauche, mais bien visibles aussi au nord de Vichy, à la montée de la Montagne-Verte, par exemple, sur la rive droite.

Faut-il considérer comme du même âge les puissants apports du bassin du Sichon ? Nous ne savons, mais qu'ils soient pliocène ou quaternaire inférieur, cela ne nous empêche pas de les décrire et de signaler à Barantan une terrasse à l'altitude de 347 mètres, qui domine Cusset de 70 mètres environ ; cette nappe de cailloux et de sables descend jusqu'au moulin et village des Couteliers et tourne à l'ouest jusqu'à la ferme de la Lone. Plusieurs sablières sont ouvertes dans ce cailloutis ; l'une d'elles, au bord de la route, montre sur 8 mètres des lits de débris bien roulés et lavés de grosseurs diverses en stratification entrecroisée. Ces graviers sont bien différents, soit du poudingue carbonifère, soit du poudingue de l'arkose des Grivats ; les éléments y sont bien plus mêlés ; on y voit des fragments de micropegmatite, de quartz blanc, gris, de schistes, des silex noirs, des cailloux d'arkose, de grauwacke et, à côté, des galets très ronds, remaniés, d'une formation plus ancienne, des débris anguleux à peine déplacés, appartenant tous à des roches connues de la vallée du Sichon. Au mont Peton, entre Vichy et Cusset, nous n'avons pas vu de cailloux, mais ils se revoient vers les Garets. Sur la rive gauche de l'Allier, les cailloux de la haute terrasse sont composés presque exclusivement de débris de quartz blanc très roulés. Certainement cette masse détritique a couvert Vichy jusqu'à une très grande hauteur, et de nombreux remaniements de ces graviers ont constitué les terrasses qui s'étagent au-dessus de l'Allier actuel dont le régime torrentiel est bien connu. Le diluvium profond qu'on a trouvé dans les sondages exécutés à peu de distance de la rivière montre qu'elle a passé, après la période de creusement, par une période de remblai et qu'elle se trouve actuellement dans une période d'équilibre pendant laquelle les apports et les entraînements paraissent se compenser.

Travertins des sources minérales.

C'est dans ce chapitre consacré aux formations récentes et continues que doit trouver place l'examen du tuf ou calcaire concrétionné de Vichy.

Les eaux naturelles de Vichy, chaudes et froides, ont déposé et déposent encore à leur émergence un précipité de carbonate de chaux dont l'abondance a été autrefois extrême. C'est surtout aux Célestins que le tuf de Vichy peut s'étudier ; il forme, sous le vieux Vichy, une sorte de muraille, haute de 5 à 6 mètres, épaisse de 16 à 30 mètres, soutenant en terrasse, sur une longueur d'au moins 300 mètres, des maisons et des jardins. Les sources sont recueillies en contre-bas dans la plaine basse de l'Allier. Il ne fait pas de doute que ces vastes concrétions aient été formées par les eaux des Célestins, mais on s'accorde à croire qu'elles ont dû se former à une époque où le volume des eaux était beaucoup supérieur au débit actuel et qu'il a fallu une durée d'années considérable pour produire un semblable résultat. Quand on étudie de près les roches des Célestins en place, on ne tarde pas à reconnaître une sorte de stratification verticale ; les cavités et les lames dures sont orientées verticalement dans une situation qui paraît anormale et qui a frappé tous les observateurs. Viquesnel, en 1840, a vu une carrière ouverte dans ce travertin, qui avait 18 à 20 mètres de puissance, formé de feuillets de $0^m,01$ à $0^m,10$ d'épaisseur ; de petits fragments de quartz, de grès et des nids d'argile ferrugineuse étaient dispersés dans la pâte et soudés par des lamelles parfois cristallines et appartenant à l'espèce minérale nommée aragonite. On y a trouvé accidentellement des ossements d'animaux, empreintes de plantes et coquilles d'eau douce, mais aucun de ces débris n'a été conservé et, aujourd'hui, tout est caché, envahi par la végétation, les constructions ou masqué par des remblais.

MM. Viquesnel, Boulanger, Lyell, Bouquet ont été convaincus que ce travertin s'était déposé horizontalement et que des bouleversements ultérieurs en avaient modifié l'assiette. Ils ont pensé que les sources minérales s'étaient épanchées sur une terrasse diluvienne et formée de masses tertiaires fragiles horizontales et que le travertin s'était, lui aussi, étendu horizontalement et progressivement épaissi, que, plus tard, les érosions de l'Allier avaient déchaussé la base de la terrasse et creusé sous la nappe du tuf, finalement que les lits travertineux s'étaient rompus et avaient basculé jusqu'à la verticale.

Murchison a émis une opinion un peu différente, tout en supposant que le tuf s'était déposé horizontalement, ce dont il croyait trouver la preuve dans l'existence d'un banc de travertin resté horizontal dans la rue qui descend de la maison Sévigné à l'Allier ; il a pensé voir dans cette stratification contradictoire la preuve de l'existence d'une vaste faille, grande cassure, ancienne, en relations avec la venue au jour des eaux thermales et dont l'orientation moyenne aurait été dirigée comme la vallée de l'Allier.

Cette idée a été adoptée par beaucoup d'ingénieurs français, elle a été partiellement combattue par M. l'ingénieur Bardin dans son rapport sur le périmètre de protection accordé aux eaux de Vichy ; il a fait remarquer que la faille des Célestins n'était orientée ni comme la vallée de l'Allier ni dans la direction des sources de l'Hôpital, de la Grande-Grille et du Puits-Carré. Mais M. Voisin a gardé l'idée de faille en la modifiant légèrement ; il a pensé que les diverses venues d'eaux minérales pouvaient se faire par une série de cassures parallèles, et que la fracture supposée des Célestins coïncidait avec la direction de la haute vallée du Sichon et de quelques autres accidents plus ou moins remarquables. Nous relevons dans la note de M. Auscher l'idée de l'horizontalité antérieure des dépôts des Célestins d'après des observations faites dans le jardin du Puits-Lardy, et l'observation fort juste que l'arrivée au contact des eaux minérales avec les eaux carbonatées de ruissellement avait dû favoriser la précipitation de la chaux en suspension. M. Bouquet a donné diverses analyses des concrétions des Célestins : en voici un spécimen :

Carbonate de chaux	91.03
— de magnésie	6.30
— de strontiane	0.22
— de manganèse	0.44
Acide phosphorique	traces.
— arsénique	traces.
Sesquioxyde de fer	0.98
Argile	0.60
Eau et matières organiques	0.01
	99.58

M. Bouquet dit à ce propos : « La nature du dépôt calcaire des eaux est variable suivant son mode de formation : si le dégagement du gaz est rapide, le dépôt est plus ou moins incohérent : il est au contraire dur et cristallisé quand le dégagement est gêné par quelque obstacle. Il y a tous les passages entre le dépôt aragonitique, fibreux, cristallin, qui forme de grands murs aux Célestins, et le trouble blanchâtre qui apparaît dans les eaux de Saint-Yorre quelques heures après leur puisement. »

Il y a cependant de graves objections à faire au mode de formation horizontale du dépôt des Célestins, c'est que toutes les sources naturelles de Vichy viennent au jour par de véritables cheminées verticales tapissées de travertin ; elles forment des couches verticales si épaisses que le débit s'en trouve obstrué : en élargissant par un coup de sonde l'orifice du Puits-Carré on a beaucoup augmenté la venue d'eau et de grands travaux à la Grande-Grille, en 1854, ayant recoupé à 3^m,80 de profondeur les cheminées creuses d'aragonite formées de couches concentriques, le débit journalier passa de 3 mètres cubes à 91 mètres et de 32°7 de température à 41°.

Les travaux de captage descendus très bas aux Célestins, jusqu'à la marne tertiaire, ont trouvé un mur laminaire toujours vertical parfaitement en place et sans aucune trace de mouvement de bascule ou autre. M. Voisin a justement comparé le rocher des Célestins à la crête d'un véritable filon dirigé O. 17 N. Ce sont plutôt les fragments de travertin qui ont perdu leur verticalité qui sont ceux hors de place. Autrefois la cheminée d'ascension avait à traverser une couche bien plus épaisse d'alluvions, car nous avons vu que les sables et cailloux pliocénes ou diluviens atteignent une grande hauteur sur les berges de l'Allier, et on peut croire que les cheminées très hautes se sont brisées et rompues quand elles ont été déchaussées à leur pied par les ravinements postérieurs. Mais on ne peut conclure de tous ces faits à l'existence d'aucune faille et les appeler en témoignage pour aucune démonstration sérieuse. Notons en terminant quelques remarques qui peuvent avoir leur valeur, c'est d'abord que les sources incrustantes ont pu à la fois former des cheminées verticales dans leur parcours ascensionnel et des nappes horizontales à leur niveau d'épanchement; ces incrustations diminuent probablement de volume et d'importance dans la profondeur, car c'est par leur refroidissement, la perte de leur gaz, leur mélange avec des eaux descendantes, que les eaux peuvent abandonner les matières qu'elles tiennent en suspension. Il est même extrêmement probable que les eaux des Célestins ne doivent l'infériorité de leur débit comparé à celui du Puits-Carré ou de la Grande-Grille par exemple et leur basse température, caractères qui marchent parfaitement ensemble, qu'à la lenteur de leur ascension par l'obstruction de leurs canaux d'épanchement.

DEUXIÈME PARTIE

SOURCES MINÉRALES DE VICHY

On doit faire des distinctions importantes entre les diverses eaux minérales de Vichy et des environs. Il y a les sources naturelles qui arrivent à la surface sans l'intervention de l'homme et les sources artificielles obtenues par des puits ou forages, et qui ne sont pas en réalité des sources. Dans chacune de ces classes, il faut établir la division des sources froides et sources chaudes. Occupons-nous en premier des sources naturelles, sources chaudes, appartenant à l'État, qui ont été et sont encore les principales sources minérales et dont l'intérêt est dominant.

Rien dans l'examen des conditions de gisement et de composition ne justifie d'ailleurs pour nous la faveur spéciale dont les médecins entourent les eaux froides en général. Elles sont, à notre avis, très inférieures aux eaux chaudes. On a dit que, recueillies froides, elles devaient s'altérer moins dans le transport; on n'a pas remarqué que ces eaux étaient, sans aucun doute, originairement chaudes dans la profondeur et qu'elles perdaient simplement dans le sol par précipitation ou par mélange ce que les eaux chaudes pouvaient perdre dans la bouteille en se refroidissant, si le refroidissement devait les faire déposer, ce qui n'a pas lieu pour les eaux chaudes de l'État à Vichy. Les eaux froides, généralement d'une minéralisation plus faible et d'un volume médiocre, malgré tous les soins apportés à l'embouteillage, sont toujours dans de moins bonnes conditions que les eaux chaudes chassées par un gaz puissant, bouillonnantes et sous un fort volume.

Sources naturelles chaudes.

Grande-Grille. — Source connue probablement des Romains, mentionnée ainsi que la suivante dès 1567, par Nicolaï. — Température 42 à 44 degrés centigrades. Débit, suivant M. de Gouvenain, 112 mètres cubes en vingt-quatre heures, en relations souterraines avec les suivantes.

Puits Carré et Puits Chomel. — Température 43 à 45°. Des travaux de captage et des évaluations de volume faits à diverses reprises ont démontré que ces deux sources étaient en relations souterraines et que les dégagements gazéux pouvaient passer de l'une à l'autre. Leur minéralisation et leur température sont si voisines qu'on doit considérer ces deux sources comme constituant une même venue de la profondeur ; les cheminées d'ascension par lesquelles les griffons émergent sont formées d'un tuf travertineux calcaire, très dur, cristallin, feuilleté verticalement. Contrairement à ce que leur nom pourrait faire croire, ces « Puits » sont de belles sources naturelles, autrefois désignées sous le nom de Fontaine des Capucins ; leur volume considérable, 120 mètres en vingt-quatre heures, les rend précieuses pour les bains.

L'Hôpital, dite aussi Gros-Boulet, place Rosalie. — Température, 34°. Belle source indépendante, dont la température moins élevée que celle des sources précédentes, est probablement due à une ascension plus lente ; elle éprouve des pertes dans son parcours et, peut-être, les Célestins n'en sont qu'une dérivation latérale refroidie. Son débit est d'environ 50 mètres par vingt-quatre heures.

Puits Lucas. — Cette source située à 152 mètres à l'est-sud-est de la Grande-Grille a été découverte dans une galerie souterraine de 6^m,50 de longueur creusée au fond d'un puits de 9 mètres de profondeur qui a rencontré les mêmes couches que le puits du docteur Prunelle. On a cherché, sans succès, par des pompages et des jeaugeages à prouver la relation de cette source avec celle de la Grande-Grille ; son individualité paraît aujourd'hui bien établie. Son débit, qui était de 50 mètres cubes à l'heure en 1856, ayant beaucoup baissé ne donnait plus que 21 mètres en 1861 et M. Voisin trouvait encore le même volume en 1878. On résolut de procéder à un nouveau captage et en 1888, de grands travaux entrepris sous l'habile direction de M. l'ingénieur de Launay firent remonter le débit à 50 mètres cubes. L'ancienne galerie souterraine fut déblayée et cimentée jusqu'aux griffons ; on découvrit des cheminées d'ascension tapissées d'aragonite comme dans la source du Puits Carré et de la Grande-Grille et l'eau arriva en écoulement abondant dans un réservoir où elle est pompée pour alimenter le service de l'hôpital militaire. La température de 26° est remontée à 28°,5. Sa composition, sa température, son volume placent cette source actuellement parmi les plus importantes de Vichy, et nous n'avons pas hésité à la placer dans le premier groupe des sources naturelles chaudes.

Sources naturelles froides.

Les Célestins. — Ces sources assez nombreuses, aujourd'hui bien captées et réunies, sourdent à une température de 14 à 16°, supérieure de 2 à 4° à la moyenne normale de la température du sol à Vichy. Minéralisation suivant Bouquet 8^{gr},3 par litre, d'après Willm 6^{gr},405.

Elles sortent au pied des murailles d'un tuf vertical très dur, celluleux et substratifié de carbonate de chaux dont nous avons déjà longuement parlé.

Hauterive. — Les sources d'Hauterive consistaient autrefois en bouillons froids arrivant à la surface par la pression gazeuse ; pour régulariser leur débit on a fait un puits en 1840, par les soins de M. Brosson, pour isoler les eaux minérales des eaux de l'Allier. Ce puits fut remplacé par un petit forage de 26 mètres en 1842, mais le débit restait précaire ; après diverses améliorations en 1854 et 1873, un forage profond fut exécuté en 1876 sur les indications de M. l'ingénieur en chef de Gouvenain, forage du plus haut intérêt et qui a donné les résultats suivants :

SONDAGE D'HAUTERIVE.

1. Terre végétale. . . . . . . de	0.00 à 1.00	Épaisseur	1^m,00
2. Gravier, diluvium de l'Allier.	1.00 a 5.20	—	4^m,20
3. Sable fin.	5.20 à 11.90	—	6^m,70
4. Argile grise	11.90 à 12.90	—	1^m,00
5. Sable gréseux.	12.90 à 13.25	–	0^m,35
6. Argile grise feuilletée.	13.25 à 25.00	—	11^m,75
7. Sable et argile grise mélangés .	25.00 à 27.00	—	2^m,00

Nappe perméable constituant le gisement de l'eau minérale.

8. Argile rouge sableuse mouvante.	27.00 à 35.00	Épaisseur	8^m,00
9. Argile bigarrée de rouge et de vert, grains de quartz et galets (arkose).	35.00 à 80.00	—	45^m,00
10. Jaspe et argile siliceuse compacte.	80.00 à 85.00	—	5^m,00
11. Schistes carbonifères avec ganglions de quartz	» à 85.00	—	»

Il n'y avait qu'une seule nappe minérale ; on n'a pas constaté d'autre venue d'eau que celle située vers le sommet de l'arkose. Nous classons volontiers les terrains comme suit :

11 et 10. Terrain carbonifère, schistes du Sichon.

9 à 7. Arkose des Grivats. Epaisseur 55 mètres. Alternances d'argile, de grès et de poudingue, qui sont la masse détritique saturée de soude.

6 à 4. Marnes de Cusset. Alternances de marnes bleues et blanches plus ou moins calcaires et laissant filtrer des eaux chargées de carbonate de chaux et d'acide carbonique, prêtes à réagir au contact des eaux sodiques. Epaisseur, 12 mètres. Cette épaisseur témoigne du ravinement de la partie supérieure de l'assise. Quant à l'assise 7, on peut la considérer, soit comme le sommet de l'arkose, soit comme la base des marnes bleues ; les échantillons de cette couche que nous avons eus entre les mains nous portent à la rapprocher par analogie minéralogique avec l'arkose. La petite couche sableuse n° 5, coupant les marnes bleues, ne

doit pas nous étonner ; nous sommes habitués à rencontrer des lits molassiques à divers niveaux dans les diverses assises tertiaires de la Limagne. Température, 14°. Minéralisation d'après Bouquet, 8ᵍ,956 et 6ᵍ,504 d'après Willm.

Mais le forage d'Hauterive comporte encore d'autres enseignements. Les couches argileuses rouges et vertes qu'on a trouvées à la base du tertiaire ont la plus grande analogie avec les couches rencontrées vers la base des forages de Cusset et on peut en conclure qu'à Cusset, au niveau où l'on s'est arrêté, on n'était pas loin du primaire.

Si la nappe minérale d'Hauterive est bien, comme nous croyons, la même que celle des forages Lardy, Larbaud de Vichy et de Vesse, nous pouvons estimer qu'il y aurait encore une cinquantaine de mètres à forer dans ces puits pour atteindre la base du tertiaire, et nous pouvons prévoir que la surface du primaire est :

> Au forage Larbaud (Longues-Vignes), vers 160 mètres de profondeur.
> Au forage Lardy (rue de Nimes). . vers 200 —
> A la source de Vesse. . . . . . . vers 160 —

D'autre part, si la direction de contact des schistes carbonifères et des porphyrites reste orientée sensiblement est-ouest, comme elle est visible dans la vallée du Sichon, et comme il est d'ailleurs très vraisemblable, ces trois derniers forages approfondis ne rencontraient pas la tête des schistes carbonifères comme à Hauterive, mais celle des porphyrites du Culm.

Saint-Yorre. — Les recherches d'eau minérale faites à Saint-Yorre ont eu comme origine des bouillons naturels d'eau gazeuse arrivant au sol dans la plaine d'alluvion de l'Allier, au nord du village, au sud d'Hauterive. Nous reviendrons plus loin sur les résultats donnés par les forages multiples dont on a criblé le petit espace environnant.

L'altitude de cette plaine est à 261ᵐ.80 et à 3ᵐ,10 au-dessus du niveau ordinaire de l'Allier ; mais, lors de la crue de septembre 1875, tout a été submergé sous 2ᵐ,80 d'eau. Les recherches d'eau minérale effectuées à un niveau plus élevé que cette plaine n'ont donné aucun résultat. Nous reviendrons plus loin avec détail sur les eaux de Saint-Yorre.

Brugheat. — Il reste à citer pour mémoire cette émission naturelle qui ne donne lieu à aucune exploitation. La minéralisation suivant Bouquet serait de 1ᵍ,104 par litre ; elle est située à 5 kil. 500 au sud-ouest de Vichy et elle n'est pas sans analogie, d'après Bouquet, avec les sources de Châteldon et de Medague qui sont plus éloignées et qui s'écartent des eaux typiques de Vichy. Des travaux assez récents de captage au fond d'un grand puits n'ont rien donné de remarquable sans améliorer sa situation.

Au-dessus et à l'est de Brugheat, à 400 mètres au nord de la ferme de Pyoux, sur la route de Randan à Vichy, à l'altitude approchée de 355 mètres, un forage profond a été entrepris pour rechercher l'eau minérale. Il a été commencé dans un puits qui avait 29^m,50 de profondeur et il a traversé sur une profondeur de 108^m,50 une alternance multiple de marnes bleues et de bancs calcaires, analogues à la série de Cusset.

Les lits de marnes avaient une épaisseur de 1^m,50 à 2 mètres, et les lits calcaires une puissance moyenne de 15 à 40 centimètres. Le travail a été arrêté à 138^m,50 sans résultat. Il semble que les marnes de Cusset prennent dans cette direction une épaisseur considérable; peut-être c'est le calcaire du Vernet qui a été rencontré dans l'avant-puits et probablement les couches d'arkose se seraient rencontrées à une faible profondeur, au-dessous du niveau où l'on s'est arrêté.

Sources artificielles.

Il est difficile de faire une distinction importante entre les sources artificielles chaudes et celles qui sont froides : c'est pour beaucoup une simple question de profondeur du forage ; cela dépendrait uniquement de la profondeur à laquelle les puits ont été poussés. Cependant, comme les eaux minérales gisent plus spécialement à un seul niveau, leur température est en relation avec la situation stratigraphique de ce niveau.

Vichy. — *Source du Parc.* — Doit son origine à un puits fait par M. Brosson ; son altitude est de 257 mètres et sa profondeur de 48 mètres, dont 24 sont tubés. Température, 22°. Le volume est faible, le jaillissement intermittent; l'eau est élevée au sol au moyen d'une pompe. Des observations suivies, dues à M. l'ingénieur François, ont montré que cette source provenait d'une infiltration du Puits-Carré qui n'est qu'à 200 mètres au sud-ouest; sa minéralisation de 6^s,884 est d'ailleurs comparable à celle des sources chaudes voisines.

Source Prunelle. — Ouverte par M. Larbaud dans un jardin rue Montaret, ne paraît qu'une dépendance de la source du Puits-Lucas qui est très voisine. Le puits, de 9^m,60, a rencontré une série de couches que nous classons comme suit :

Alluvium.	Terre végétale et sable fin	3^m,20
Diluvium.	Sable pur	0^m,80
	Sable et cailloux roulés, niveau d'eau. . . .	0^m,80
Marnes de Cusset.	Argile bleue.	0^m,50
	Calcaire tendre marneux.	1^m,40
	Marne bleue	2^m,00
	Calcaire jaunâtre	0^m,90

L'eau est élevée du fond du puits au moyen d'une pompe.

Source de Mesdames. — Il serait peut-être plus convenable de parler de cette source avec celles de Cusset, avec lesquelles elle a une grande analogie, car on sait qu'elle sort d'un forage dû à M. Brosson en 1844 et située à 2,200 mètres à l'est de l'établissement des bains de Vichy, près de la route de Cusset. Elle est amenée à l'établissement thermal par une conduite souterraine. Sa profondeur est de 93 mètres; altitude de l'orifice, 267 mètres; débit irrégulier de 12 à 17 mètres cubes par jour; température, 17°. Résidu fixe 4^{gr},420 par litre d'après Bouquet. Le forage a traversé une série de marnes bleues et de calcaires marneux blanchâtres dont le détail n'a jamais été publié

Source Lardy. — Puits foré à peu de distance des sources naturelles froides des Célestins. Profondeur, 148 mètres, tubé jusqu'au fond. Source intermittente, rendue continue par un appareil régulateur qui réduit le diamètre du tube d'ascension sur une faible hauteur. M. Voisin a heureusement profité d'un curage opéré en 1877 pour déterminer sa température dans la profondeur et à l'orifice. Il a trouvé pour 146 mètres de différence de niveau un écart de température de 7°, il y avait 30°,5 à la base et 23°,5 au sommet soit une valeur géothermique de 21 mètres par degré d'élévation dans la température de l'eau.

Altitude, 262 mètres; débit, 8 mètres cubes par vingt-quatre heures. La coupe géologique du forage n'a malheureusement pas été relevée et nous ignorons la succession des terrains traversés. Des travaux de réparation récents de ce forage ont montré qu'il n'existait qu'une seule nappe, bien que M. Voisin parle de deux nappes. Dans la grande nappe minérale ascendante, l'eau est si bien mêlée sous pression avec l'acide carbonique qu'elle forme une véritable émulsion qui s'élève sans suivre les principes habituels de l'hydrostatique ; le maître sondeur a constaté un afflux de sables en grains, souvent assez volumineux, au début de l'arrivée de l'eau. Minéralisation d'après Bouquet, 5^{gr},456, d'après Willm, 5^{gr},090.

Source Dubois, 124, rue de Nimes. — Très voisine du forage Lardy. Température, 11 à 12°. Cette eau provient d'un puits ancien existant déjà lors de la publication du périmètre de protection des eaux de Vichy, mais dont l'exploitation a été seulement reprise depuis peu. Sa profondeur est de 25 mètres et le captage a été établi dans des marnes bleues qui sont certainement les marnes de Cusset. Cette eau, moins minéralisée que les sources voisines, renfermait au début une quantité notable de matières sulfureuses et bitumineuses provenant des lits ligniteux des marnes bleues. On l'amène au niveau du sol au moyen d'une pompe.

Source Larbaud ou des Longues-Vignes. — Cette source forée tout à fait à l'extrémité sud de la commune de Vichy, sur le bord de la route de Nîmes, à l'altitude de 270 mètres, a une profondeur de 108 mètres. On ignore les terrains rencontrés dans le forage ; la coupe donnée par M. Voisin (p. 64) ne s'applique probablement pas à ce point, elle paraît s'accorder avec quelque sondage fait dans le département de la Loire, car la profondeur de 136 mètres qui est décrite est erronée : le puits entièrement tubé et dont le tube a été remplacé il y a peu d'années ne dépasse pas 108 mètres. Il n'y a qu'un seul horizon aquifère. C'est l'inexacte attribution de cette coupe au forage Larbaud qui a été l'origine de nombreuses erreurs. On a cru qu'il y avait dans la vallée de l'Allier plusieurs niveaux d'eau minérale et des eaux ascendantes à diverses profondeurs, et cette idée a conduit l'ingénieur M. Voisin à conseiller l'approfondissement du puits d'Hauterive qui n'a donné aucun résultat comme nous avons vu, c'est cette même pensée qui a fait dessiner le bassin de Vichy par M. Auscher comme formé de cuvettes successives à niveaux multiples. Il n'en est rien ; au fur et à mesure qu'on remonte la vallée de l'Allier, on trouve dans la profondeur une seule nappe minérale continue, qui se relève vers le sud jusqu'à Hauterive ; au midi de ce point se trouve un seuil carbonifère et la couche d'arkose, renfermant la nappe minérale, paraît venir au contact des alluvions de l'Allier. Le débit intermittent est de 4,000 litres par vingt-quatre heures ; la température, de 20° ; le résidu fixe, de 5^{gr},456.

Vesse. *Source intermittente.* — Cette source située sur la rive gauche de l'Allier, en face de Vichy, est à 1.100 mètres au sud-ouest de la source de l'Hôpital, elle est due à un forage exécuté en 1844 dont le détail n'est pas connu et qui a traversé quelques mètres de graviers appartenant au diluvium de l'Allier et des marnes calcaires peu dures ; sa profondeur est de 110 mètres. Le diamètre du forage au fond n'est que de 0^m,05 et le débit de 20 mètres cubes en vingt-quatre heures. Altitude, 260 mètres. Le jaillissement durait autrefois environ six minutes et se reproduisait à cinquante minutes environ d'intervalle, il s'est beaucoup éloigné depuis. Par contre, sa minéralisation s'est beaucoup augmentée. M. Bouquet avait trouvé 4^{gr},408 par litre et M. Willm a dosé récemment 5^{gr},133. Sa température est passée en même temps de 27°,8 à 31°,4.

L'Abrest. *Source de la Tour.* — La source Gannat est située sur un petit prolongement de la commune de l'Abrest, qui est placé sur la rive gauche de l'Allier au sud de Vesse ; on la désigne commercialement sous le nom de « Vichy-La Tour ». C'est un forage qui a 102 mètres de profondeur et dont la maison Lippmann et Cie veut bien nous communiquer le détail comme suit :

Diluvium .	Avant-puits	7.00		Mètres.
	Sables et graviers			—
	Argile jaune sableuse. . .	De 7,00 à 8,20.	Épaisseur :	1,20
	Argile bleue — . . .	De 8,20 à 11,20.	—	3,00
	Sable bleu argileux . . .	De 11,20 à 13,10.	—	1,90
	Argile brune sableuse . .	De 13,10 à 13,50.	—	0,40
	Grès, sable bleuâtre, graviers	De 13,50 à 15,15.	—	1,65
	Marne bleue.	De 15,15 à 16,20.	—	1,05
Marnes de Cusset.	Alternances multiples de marne bleue et de plaquettes calcaires. . . .	De 16,20 à 39,65.	—	23.45
	Marnes avec plaquettes gréseuses.	De 39,65 à 43,40.	—	3,75
	Marnes avec plaquettes calcaires bleues.	De 43,40 à 45,40.	—	2,00
	Marnes et lits gréseux . .	De 45,40 à 60,40.	—	15,00
	Marnes et plaquettes calcaires.	De 60,40 à 102,10.	—	41,70
	Grès, sable quartzeux. . .	De 102,10 à 102,35.	—	0,25

Niveau de l'eau minérale.

On n'a rencontré qu'une seule nappe minérale et l'on remarque que les marnes bleues sont interstratifiées de lits sableux et de lits calcaires. Il n'y a pas de calcaire du Vernet et l'arkose des Grivats semble atteinte seulement vers son sommet.

En résumé, il faut dire qu'au point de vue géologique, les puits du Parc, Prunelle, Dubois n'ont pas une existence propre; leurs eaux ne peuvent avoir pour origine que des infiltrations latérales dans les strates tertiaires supérieures des sources naturelles de l'État. Ces sources sont très distinctes et bien inférieures aux forages, comme les puits Lardy, Larbaud (Longues-Vignes), Mesdames, etc., qui tirent leur origine d'une nappe minérale ascendante, profonde, saisie en pleine circulation naturelle, et tout aussi distinctes des sources jaillissantes normales, comme la Grande-Grille, le Puits-Carré et l'Hôpital. Nous n'avons trouvé aucune relation entre la profondeur de ces puits et les terrains traversés : ce sont toujours les marnes de Cusset, bien loin encore de leur base, avec lits souvent calcaires plus ou moins perméables, et sans le périmètre de protection accordé aux sources jaillissantes de l'État, bien d'autres puits creusés dans le voisinage pourraient donner des eaux stagnantes et froides analogues, plus ou moins minéralisées.

Nouvelles sources d'Hauterive. — Au sud de la Tour, sur la commune d'Hauterive, au nord et hors du périmètre de protection de la source d'Hauterive appartenant à l'État, il a été foré depuis peu d'années une série de puits qui ont donné lieu à autant de sources disposées du nord au sud comme suit :

1. Source Ramin, à 1.700 mètres au nord de la source de l'Etat.
2. — Amélie, à 90 mètres de la source Ramin.
3. — nouvelle d'Hauterive, creusée par MM. Lippmann et Cie.
4. — sans nom, creusée par MM. Boutin et Cie, en 1893, à 60 mètres sud de la source Amélie.
5. — Élisabeth, creusée par M. Bécot.

La *nouvelle source d'Hauterive* est à 100 mètres à l'est de la grande route d'Hauterive à Vichy, en face de la source Ramin; elle n'est pas exploitée. Voici la coupe du forage qui donnera une idée de la nature des couches pour toutes les autres sources si voisines. Altitude : 262 mètres.

			Épaisseur. Mètres.
Pléistocène .	Sable fin de l'Allier . . . Grès diluvium en plusieurs lits	0,00 à 7,82	7,82
	Marne grise	7,82 à 8,55	0,73
	Plaquette calcaire.	8,55 à 8,82	0,27
	Marne grise	8,82 à 9,95	1,13
	Plaquette calcaire.	9,95 à 10,30	0,35
	Marne grise	10,30 à 11,04	0,74
	Plaquette calcaire.	11,04 à 11,20	0,16
	Marne grise.	11,20 à 12,58	1,38
	Calcaire blanchâtre	12,58 à 13,07	0,49
	Marne grise	13,07 à 14,79	1,72
	Marne calcaire blanchâtre.	14,79 à 15,88	1,09
	Marne grise	15,88 à 18,08	2,20
	Calcaire en plaquettes.	18,08 à 18,28	0,20
	Marne grise (dégagement de gaz) . . .	18,28 à 19,04	0,76
	Plaquette calcaire.	19,04 à 19,47	0,43
	Marne grise	19,47 à 22,86	3,39
	Plaquette calcaire.	22,86 à 23,37	0,51
	Marne grise et bleuàtre	23,37 à 25,76	2,39
	Plaquette calcaire.	25,76 à 26,15	0,39
	Marne grise	26,15 à 28,25	2,10
	Plaquette calcaire.	28,25 à 28,65	0,40
	Marne grise	28,65 à 29,68	1,03
	Plaquette calcaire.	29,68 à 29,99	0,31
	Marne grise	29,99 à 30,68	0,69
	Calcaire	30,68 à 31,11	0,43
	Marne.	31,11 à 32,72	1,61
	Calcaire	32,72 à 32,95	0,23
	Marne.	32,95 à 33,74	0,79
	Calcaire	33,74 à 33,94	0,23
	Marne	33,93 à 34,20	0,26
	Calcaire	34,20 à 34,57	0,37
	Marne.	34,57 à 37,92	3,25
	Calcaire	37,92 à 38,58	0,66
	Marne.	38,58 à 39,32	0,74
	Calcaire	39,32 à 39,68	0,36

Marnes de Cusset.

Marnes de Cusset. (Suite.)			
	Marne bleue	39,68 à 40,76	1,02
	Calcaire marneux	40,76 à 41,40	0,64
	Marne bleue	41,40 à 41,99	0,59
	Plaquette calcaire	41,99 à 42,29	0,30
	Marne brune	42,29 à 42,87	0,58
	Plaquette calcaire	42,87 à 43,41	0,58
	Marne brune	43,41 à 44,94	1,54
	Plaquette calcaire	44,94 à 45,14	0,20
	Marne grise	45,14 à 45,73	0,59
	Calcaire	45,73 à 46,38	0,55
	Marne grise	46,38 à 47,25	0,97
	Calcaire	47,25 à 47,38	0,13
	Marne	47,38 à 47,90	0,52
	Plaquette calcaire	47,90 à 48,30	0,40
	Marne	48,30 à 48,62	0,32
	Banc calcaire	48,62 à 48,72	0,10
	Marne et fines plaquettes	48,72 à 51,40	2,48
	Tablettes calcaires	51,40 à 51,67	0,27
	Marne grise	51,67 à 52,43	0,76
	Calcaire	52,43 à 52,81	0,38
	Argile brune	52,81 à 54,26	1,45
	Calcaire	54,26 à 54,46	0,20
	Marne grise	54,46 à 58,86	4,40
	Sables grossiers, niveau de l'eau minérale	58,86 à 60,20	1,34

Le jaillissement se produisit lorsque le trépan eut atteint la profondeur de 59ᵐ,91. La température est de 17°,5 ; le débit, de 270 litres à l'heure. Nous en donnons la composition qui donnera une idée de celle des quatre sources voisines.

COMPOSITION CHIMIQUE DE LA NOUVELLE SOURCE D'HAUTERIVE

Par M. Parmentier, directeur de la station agronomique de Clermont-Ferrand,
Professeur de chimie à la Faculté des Sciences.

Résidu minéral par litre	5ᵍʳ,580
Acide carbonique combiné	4ᵍʳ,000
— carbonique libre, dosé à la source	1ᵍʳ,529
— chlorhydrique	0ᵍʳ,337
— sulfurique	0ᵍʳ,134
— arsénique	0ᵍʳ,001
Silice	0ᵍʳ,015
Protoxyde de fer	0ᵍʳ,011
Chaux	0ᵍʳ,272
Magnésie	0ᵍʳ,024
Potasse	0ᵍʳ,082
Soude	2ᵍʳ,811
Lithine	0ᵍʳ,002
Alumine	0ᵍʳ,004
Manganèse	traces sensibles.
Cæsium et rubidium	
(Acide carbonique, total : 5ᵍʳ,530)	9ᵍʳ,222

Source Ramin. — Forage exécuté en 1889. Profondeur, $61^m,25$; température, 19° ; eau jaillissante ; débit, 12 mètres cubes en vingt-quatre heures.

Toutes ces observations démontrent suffisamment que les eaux minérales sont développées au sud de Vichy dans une seule couche, qu'on n'en trouve réellement ni au-dessus ni au-dessous et que cette couche se relève régulièrement vers le sud comme suit :

	Profondeur.	Altitude.	Cote absolue.
	Mètres.	Mètres.	Mètres.
Forage Lardy.	148	262	144
— de Vesse	110	260	150
— Larbaud (Longues-Vigues)	108	270	162
— Gannat.	102	266	164
— Ramin.	60	262	202
— Hauterive.	27	261	234

A Saint-Yorre, on rencontre, au contraire, plusieurs nappes minérales aux profondeurs suivantes :

	Profondeur.	Altitude.	Cote absolue.
	Mètres.	Mètres.	Mètres.
Forage Charreton	16	261	245
— Lavergne	24	261	237
— Léon	30	261	231
— Carreaux	43	261	216

Le première de ces nappes est seule concordante avec les résultats complets et positifs d'Hauterive. Les autres nappes sont en contradiction avec les données du bassin de Vichy et permettent déjà de supposer l'indépendance des sources de cette localité sur laquelle nous reviendrons plus loin.

La coupe géologique du bassin de Vichy que nous donnons planche III. figure cette ascension au sud-est de l'arkose des Grivats qui se relève également dans la direction du nord-est, de l'est et du sud, délimitant une sorte de bassin qui a Vichy pour centre.

Saint-Yorre. — Les eaux minérales obtenues par forage sont extrêmement nombreuses à Saint-Yorre et leur nomenclature nous entraînerait trop loin ; elles sont presque toutes situées dans une boucle de la plaine d'alluvions de l'Allier à l'altitude de 261 mètres. Cette petite région a pris une physionomie toute particulière : ce ne sont que baraquements bizarres, champs et jardins plus ou moins enclos et remués. Il suffit, en effet, de percer un trou en un point quelconque pour rencontrer vers 26 mètres de profondeur une eau très minéralisée, jaillissante par suite de son mélange avec l'acide carbonique, et dont le débit est plus ou moins irrégulier et temporaire, rappelant en cela les forages pour la recherche du pétrole.

Les eaux de Saint-Yorre sortent limpides, mais elles ne tardent pas à se troubler ; même avec l'embouteillage le plus soigneux, elles blanchissent au bout de peu de jours et elles apparaissent chargées de carbonates que le départ d'une quantité plus ou moins grande d'acide carbonique ne permet plus au liquide de garder en suspension. Aussi les eaux de Saint-Yorre destinées à l'embouteillage et à l'expédition doivent reposer dans de grands bassins pendant plusieurs jours et il n'est possible de les employer qu'après un soutirage qui a laissé déposer les éléments formant le trouble.

Les eaux amènent également à la surface une boue d'argile ferrugineuse d'un jaune rougeâtre, qui possède une odeur franche d'acide sulfhydrique. Le dégagement de ce gaz acide corrode et altère rapidement les tuyaux des tubages et les appareils destinés à régulariser l'écoulement des eaux. Quelques-unes des sources de Cusset présentent les mêmes particularités. M. Bouquet donne la composition des boues de l'une d'elles qui peut servir de type.

COMPOSITION D'UN DÉPOT FERRUGINEUX DU PUITS SAINTE-MARIE A CUSSET

Carbonate de chaux	13,21
— de magnésie	3,78
Acide arsénique	8,40
Sesquioxyde de fer	42,80
Quartz et mica	4,20
Silice gélatineuse	3,90
Eau et matières organiques	21,21
	99,50

On remarquera la proportion considérable d'arsenic qui paraît se concentrer dans les dépôts boueux.

Ces conditions ne se rencontrent pas à Vichy ; bien certainement, le milieu est différent, et les eaux froides, aérées et décantées de Saint-Yorre ne pourront jamais rivaliser avec les eaux claires et limpides de Vichy. Voici la coupe du forage de diverses sources :

1° Source Léon :

		Épaisseur Mètres.
Alluvions et diluvium de l'Allier	0,00 à 8,22	8,22
Marnes grises et sables argileux	8,22 à 29,85	21,63
Argile bleue compacte	29,85 à 30,30	0,45
Gros sable pur (eau minérale)	30,30 à 31,32	1,02
Sable et argile grise	31,32 à 41,46	11,46

2° Source Lavergne :

Alluvions et diluvium	0,00 à 6,05	6,05
Marne bleue et blanche	6,05 à 18,49	12,44
Alternance de sables argileux et de marnes grises	18,49 à 24,70	6,21
Sable grossier peu argileux (nappe minérale)	24,70 à 25,06	0,36

3° Source du Dr Charreton :

Alluvions.	0,00 à 5,24	3,24
Marne et calcaire marneux	5,24 à 9,49	4,25
Marne et sable argileux	9,49 à 16,37	6,88
Sable aquifère (nappe minérale)	16,37 à 17,68	1,31
Sables argileux et marnes grises	17,68 à 29,92	12,24
Sable quartzeux grossier (nappe minérale).	29,92 à 30,29	0,37

4° Source Saint-Louis (forage n° 1) :

Alluvions.	0,00 à 7,28	7,28
Marne bleue et calcaire	7,28 à 26,81	18.53
Sables argileux et marne grise	26,81 à 32,87	6,06
Gros sable quartzeux (eau minérale) . .	32,87 à 33,55	0,68

5° Source Saint-Louis (forage n° 2) :

Alluvions.	0.00 à 7,75	7,75
Marnes calcaires, puis sables marneux. .	7,75 à 24,59	16,84
Sable gris grossier (eau minérale) . . .	24,59 à 24,91	0,32

6° Source Saint-Louis (forage n° 3) :

Alluvions.	0,00 à 6,10	6,10
Marne bleue et marne blanche calcaire .	6,10 à 18,28	12,18
Marne grise et sables argileux	18,18 à 29,04	10,76
Sable fin argileux (eau minérale)	29,04 à 29.31	0,27
Argile sableuse	29,31 à 33,61	4,30
Sable moyen argileux (eau minérale) . .	33,61 à 34,08	0.47

7° Source Saint-Louis (forage n° 4) :

Alluvions.	0,00 à 1,80	1,80
Marnes et bancs calcaires	1,80 à 12,56	10,76
Marnes et sables argileux	12,56 à 25,07	12,51
Sable gris argileux (eau minérale) . . .	25,07 à 25,30	0,23
Marne grise compacte	25,30 à 26,54	1,24
Gros sable argileux (eau minérale) . . .	26,54 à 26,99	0,45

8° Source Saint-Charles :

Alluvions.	0,00 à 4,50	4,50
Marnes calcaires et sables argileux . . .	4,50 à 23,80	19,30
Argile compacte.	28,80 à 28,30	4,50
Sable gris fin (eau minérale)	28,30 à 28,71	0.41

9° Source Jeanne-d'Arc :

Alluvions.	0,00 à 6,27	6,27
Marnes et calcaires.	6,23 à 25.20	18,97
Marnes et sables quartzeux.	25,20 à 32,31	7,11
Sable argileux (eau minérale)	32,31 à 32,91	0,60
Marne compacte.	32,91 à 41,12	8,21
Sables purs (eau minérale)	41,12 à 41,55	0,43

10° Source des Carreaux :

Alluvions.	0,00 à 7,04	7,04
Marnes et calcaires.	7,04 à 18,66	11,62
Marne et sable	18,66 à 44,93	26,27
Gros sable pur (eau minérale)	44,93 à 45,30	0,37

11° Source Aubert :

Alluvions. . {	Terre végétale.	0,00 à 0,30	0,30
	Sable jaune d'alluvion . .	0,30 à 1,50	1,20
Diluvium. . {	Sable rouge et graviers .	1,50 à 4,60	3,10
	Gravier gris avec filet noir.	4,60 à 5,92	1,32
	Gros gravier et sable fin .	5,92 à 6,42	0,52
Marne grise très dure et sable grossier. .		6,42 à 7,37	0,95
Sable bleu très gros (échappement de gaz).		7,37 à 9,08	1,71
Marne dure, grise, compacte		9,08 à 9,28	0,20
Sable blanc et jaunâtre grossier.		9,28 è 9,58	0,30
Marne compacte, pointillée de jaune. . .		9,58 à 9,88	0,30
Marne bleutée.		9,88 à 10,16	0,28
Sable et graviers très durs de couleur rouille		10,16 à 10,36	0,20
Sable gris fin		10,36 à 10,44	0,08
Marne bleue compacte		10,44 à 10,56	0,12
Sable bleu très fin (bouillonnements de gaz)		10,56 à 11,81	1,25
Marne bleue tendre		11,81 à 12,01	0,20
Sable bleu très fin.		12,01 à 12,11	0,10
Sable bleu gros, mêlé de cailloux noirs .		12,11 à 12,82	0,71
Marne bleue et noire (bouillonnements) .		12,82 à 15,00	2,18
Marne et sable bleu foncé		15,00 à 15,30	0,30
Marne et sable très durs		15,30 à 16,58	1,28
Sable bleuâtre fin argileux.		16,58 à 17,58	1,09
Argile compacte bleue		17,58 à 18,52	0,94
Sable bleu grossier.		18,52 à 19,88	1,36
Sable mêlé d'argile bleue		19,88 à 21,12	1,24
Sable gris et argile rougeâtre.		21,12 à 23,46	2,34
Argile rougeâtre sableuse.		23,46 à 23,61	0,15
Argile rouge et verdâtre dure.		23,61 à 23,76	0,15
Argile bleuâtre sableuse		23,76 à 23,90	0,14
Sable argileux assez gros.		23,90 à 24,11	0,21
Argile verdâtre, veinée de rouge		24,11 à 24,40	0,29
Argile gris-jaune avec cailloux.		24,40 à 24,65	0,25
Argile verte compacte tendre		24,65 à 25,01	0,36
Argile verte. veinée de jaune.		25,01 à 25,21	0,20
Argile bleue sableuse		25,21 à 25,36	0,16
Sable bleuâtre argileux assez gros. . . .		25,36 à 25,61	0,25
Argile grise veinée de vert		25,61 à 25,87	0,26
Sable verdâtre argileux		25,87 à 26,31	0,44
Argile rouge, veinée de gris.		26,31 à 26,56	0,25
Argile grise sableuse tendre		26,56 à 27,31	0,75
Argile verte graveleuse et dure.		27,31 à 27,51	0,20
Argile verdâtre sableuse		27,50 à 27,91	0,41
Sable argileux avec gros graviers. . . .		27,91 à 28,16	0,25
Sable fin vert argileux		28,16 à 28,26	0,10
Argile marneuse verte compacte		28,26 à 28,41	0,15
Sable fin vert lavé.		28,41 à 28,51	0,10
Argile gris verdâtre sableuse		28,51 à 28,76	0,25
Marne gris verdâtre très ferme		28,76 à 29,30	0,54

Marne grise à veines jaunes	29,30 à 29,46	0,16
Marne grise sableuse	29,46 à 29,76	0,30
Sable gris et blanc, assez gros, aspect lavé (eau minérale ascendante)	29,76 à 30,05	0,29

Source Larbaud. — M. Larbaud, de son côté, a fait exécuter un nombre considérable de fouilles en contre-bas de la grande route de Vichy à Thiers; il a recherché l'eau minérale de tous côtés et n'a rencontré au début que des sources temporaires, mais, par des forages, il a obtenu un écoulement plus régulier. Il a reconnu trois niveaux, savoir : à $2^m,50$, à 19 mètres et à 33 mètres du sol. Un tubage isolait la nappe inférieure intermittente, ascendante jusqu'à $0^m,90$ au-dessus du sol, avec une température de 14°; La force alcaline était de $6^{gr},755$ de bicarbonate de soude par litre, l'altitude de 261 mètres. Retenons encore des travaux de M. Larbaud qu'il a tenté un sondage profond à l'altitude de 270 mètres qui a été poussé à 115 mètres de profondeur sans résultat. La coupe géologique ne paraît pas en avoir été conservée. Nous savons seulement qu'on a trouvé des marnes sableuses, des arkoses tendres, des argiles de couleurs diverses sans venue d'eau minérale, comme à la base du forage d'Hauterive.

Nous résumerons tous les renseignements que nous avons donnés en disant qu'à Saint-Yorre, au-dessous des terrains caillouteux de la vallée de l'Allier, d'une épaisseur de 2 à 8 mètres, on rencontre des marnes bleues alternant avec des marnes blanches calcaires, constituant la base des marnes bleues de Cusset, d'une puissance de 10 à 20 mètres suivant l'altitude, et au-dessous le sommet de l'arkose des Grivats, qui se trouve ici en bancs non consolidés et discontinus, composée de marnes argileuses grises ou bleues avec lits de sables quartzeux plus ou moins grossiers, souvent avec cailloux roulés. Les lits ne paraissent pas bien réglés et continus ; on ne peut les suivre d'un forage à l'autre ; ils sont disposés irrégulièrement comme dans les dépôts d'alluvions torrentielles, et l'eau minérale apparaît, dans des couches sableuses plus ou moins épaisses et plus ou moins marneuses, à des niveaux un peu variables : A 16 mètres; de 24 à 25 mètres, de 29 à 32 mètres, et sous la forme d'une seconde nappe de 30 à 34 mètres ou de 41 à 45 mètres, sans régularité. Nous avons vu, enfin, qu'à une profondeur plus grande il n'y avait plus d'eau minérale. L'eau minérale paraît en voie de formation à Saint-Yorre même et s'élaborer au sommet de l'arkose au contact des eaux d'infiltration superficielles qui amènent les eaux atmosphériques chargées d'acide carbonique au contact des feldspaths sodiques de l'arkose en voie de décomposition.

Voici quelques analyses qui donneront une idée de la composition des eaux de Saint-Yorre; les éléments en ont été malheureusement groupés, ce qui leur ôte beaucoup de leur intérêt scientifique.

ANALYSES DES EAUX MINÉRALES DE SAINT-YORRE.

	Sources.			
	Larbaud Saint-Yorre.	Régnier.	Guerrier.	Saint-Charles.
	Grammes.	Grammes.	Grammes.	Grammes.
Acide carbonique libre.	1,333	1,775	1,420	1,292
Bicarbonate de soude.	4,881	4,669	4,910	5,114
— de potasse.	0,233	0,379	0,425	0,447
— de magnésie.	0,479	0,333	0,215	—
— de strontiane.	0.005	traces.	traces.	traces.
— de chaux	0,514	0,687	0,740	0,519
— de protoxyde de fer.	0,010	0,060	0,035	—
— de protoxyde de manganèse.	traces.	traces.	traces.	traces.
Sulfate de soude.	0,271	0,228	0,240	0,798
Phosphate de soude	traces.	traces.	traces.	traces.
Arséniate de soude.	0,002	0,002	0,002	0,002
Borate de soude.	traces.	traces.	traces.	traces.
Chlorure de sodium.	0,518	0,553	0,414	0,543
— de lithium.	—	0,018	0,012	0,012
Silice.	0,052	0,014	0,040	0,037
	8,298	8,748	8,453	8,344

Traces de matières organiques.

Pour la même source Saint-Charles, nous pouvons cependant donner une analyse basée sur la composition élémentaire positive :

ANALYSE DE LA SOURCE SAINT-CHARLES A SAINT-YORRE

Par M. le docteur Parmentier, le 7 janvier 1889.

	Grammes.
Acide carbonique libre (pris à la source).	2,402
— — combiné.	3,344
— chlorhydrique	0,312
— sulfurique	0,168
— arsénique	0.001
— phosphorique.	traces.
Silice	0,011
Protoxyde de fer.	0,006
Chaux.	0,121
Magnésie	0,016
Potasse	0,070
Soude.	2,544
Lithine	0,005
Alumine.	0,004
Traces de manganèse, cæsium, rubidium, traces de matières organiques.	9,001

Résidu minéral par litre 4ᵍʳ,860.

Au sud de Saint-Yorre, à 12 kilomètres, à Puy-Guillaume (Puy-de-Dôme), entre la station et la plaine de l'Allier, à l'altitude approchée

de 286 mètres, une tentative de recherche d'eau minérale a été faite
par un forage qui a rencontré les couches suivantes :

Alluvions, sables et galets	0,00 à 10,51.	Épaisseur	10^{m}51
Sable bleu	10,51 à 10,96.	—	0^{m}45
Sable rouge argileux	10,96 à 11,50.	—	0^{m}54
Sable bleu argileux.	11,50 à 14,74.	—	3^{m}24
Gros sable quartzeux	14,74 à 18,41.	—	3^{m}67
Sable bleu argileux et veine d'argile jaune	18,41 à 47,68.	—	29^{m}27
Sable bleu argileux.	47,68 à 49,73.	—	2^{m}05
Grès blanc dur	49,73 à 50,89.	—	1^{m}16
Sable bleu argileux	50,89 à 54,25.	—	3^{m}36

Le travail a été arrêté à la profondeur de 54^m,25, sans avoir rencontré d'eau minérale ; il est resté dans l'assise de l'arkose des Grivats.

Depuis longtemps les géologues se sont demandé si l'on devait considérer les eaux de Saint-Yorre comme faisant partie du même bassin que les eaux de Vichy et leur avis a été unanime et négatif, bien qu'ils se soient placés à des points de vue bien différents. Dès 1844, Boulanger, dans sa description géologique du département de l'Allier, signalait la direction de l'est à l'ouest des terrains anciens comme coupant la vallée de l'Allier ; il dit (p. 102) : « Dans la partie qui avoisine la vallée de l'Allier, près de Saint-Yorre, le terrain de transition et le porphyre rouge quartzifère ont pour limite un petit vallon dont les eaux se jettent dans l'Allier au-dessous de Saint-Yorre ; là les couches du terrain de transition sont dirigées de l'ouest à l'est et composées de grès très peu solides qui se séparent en fragments irréguliers. »

M. Voisin (en 1879) a dirigé ses failles du nord-ouest au sud-est et il a nettement séparé la région d'Hauterive de celle de Saint-Yorre.

M. de Launay, professeur à l'école des Mines, qui est certainement le géologue actuel le plus compétent sur l'allure des couches anciennes de la région nord du Plateau Central, fait passer un anticlinal transversal entre Hauterive et Saint-Yorre. Il est certain, en effet, que les argiles sableuses de Saint-Yorre sont hors du bassin des arkoses des Grivats, hors de la haute couche d'arkoses qui aboutit aux Rémondins et rejoint l'Allier en face de la plaine d'Hauterive ; les éléments détritiques des porphyrites de Culm ne s'y rencontrent qu'indirectement. La vallée de l'Allier était déjà esquissée au moment du dépôt de l'arkose et cette formation remonte fort loin au sud, mais sa composition minéralogique se modifie et se simplifie, car elle ne peut renfermer que des débris des roches de l'amont et, dans cette direction, nous ne connaissons plus ni carbonifère ni Culm.

M. Auscher est donc seul de son avis et nous verrons qu'il y a d'importantes corrections à faire sur la manière dont il a décrit la géologie de la région.

Cusset. — Toutes les sources de Cusset ont été obtenues par des forages.

Puits de l'Abattoir. — Ce forage, le plus ancien en date (1844), a été poussé jusqu'à 93ᵐ,50 (altitude 276) ; il a eu un débit toujours faible, qui s'est rapidement amoindri ; il est resté inutilisé. On lui a donné ensuite le nom de *Saint-Jean* et on a cherché à appeler l'eau à la surface au moyen d'une pompe ; en 1879, on a reconnu qu'il était engorgé à la profondeur de 62 mètres par un éboulement de marnes grises. On avait constaté au début une température de 15° et un résidu fixe de 5ᵍʳ,480 par litre.

Source Sainte-Élisabeth. — Ce forage, situé à l'entrée de Cusset, par la route de Vichy, dans le jardin de l'établissement balnéaire de Sainte-Marie, date de 1845 et a une profondeur de 90 mètres (altitude 273). On a traversé une couche de graviers diluviens d'environ 6 mètres, puis des marnes grises calcaires auxquelles ont succédé des marnes sableuses bleues et des graviers. La température de 17° observée par M. Bouquet n'a plus été trouvée que de 16° par M. Voisin et de 16°,5 par MM. Roman et Collin en 1892. La nappe minérale se trouvait à 83 mètres de profondeur et on ne paraît en avoir constaté qu'une.

M. Bouquet a analysé des échantillons extraits de ce forage et il a trouvé la proportion suivante de chaux : marne à 31 mètres de profondeur, 35 0/0 de chaux ; marne à 50 mètres de profondeur, 37,70 ; marne sableuse à 84 mètres, 16,30.

Source Sainte-Marie. — Ce forage, situé à 100 mètres à l'est de celui de Sainte-Élisabeth, se trouve à peu près dans les même conditions. Il a rencontré la nappe d'eau minérale ascendante dans un sable argileux entre 84 et 90 mètres. On a continué le forage jusqu'à une profondeur de 115ᵐ,57, dans l'espoir de rencontrer une seconde nappe ou une eau thermale, mais sans aucun succès ; on est resté dans des marnes argileuses diversement coloriées et coupées de sables grossiers avec galets plus ou moins endurcis et désignés sous le nom de poudingue par le sondeur. Cette dénomination a beaucoup surpris M. H. Voisin, qui l'a fait suivre d'un point de doute (?). Il n'avait pas songé qu'il rencontrait là l'arkose des Grivats qui de 450 mètres d'altitude était tombée à la cote absolue de 235 mètres par un plongement graduel parfaitement observable. M. Bouquet a donné la coupe géologique de ce forage qui lui avait été fournie par M. Degousée, l'habile sondeur, et M. Voisin l'a reproduite. Le diluvium paraît atteindre une puissance de 12 mètres, et sous 11 mètres de marnes bleues qui paraissent la base des marnes hydrauliques de Cusset, commence une alternance de marnes grises et de poudingues qui n'a guère varié jusqu'au fond du trou. Les arkoses des Grivats atteindraient ici une puissance de plus de 100 mètres. La nappe

minérale à la cote absolue de 188 mètres, était à 61 mètres de la tête
de la formation. La température de cette source est de 16°, son débit
est fort irrégulier et M. Voisin a démontré qu'elle était en relation avec
le puits S̶a̶i̶n̶t̶e̶-Élisabeth. MM. Roman et Colin en 1892 n'ont plus
trouvé qu'une température de 14°,4.

Source Tracy. — Puits foré à 300 mètres à l'est de celui de Sainte-
Marie; il a atteint la profondeur de 116 mètres. Les seuls renseignements connus sur les terrains traversés ont été recueillis par M. H.
Voisin. On a trouvé le sable à 86 mètres et on est entré dans les argiles
compactes très dures à 104 mètres, qui n'ont pas été percées. L'eau a
jailli d'abord à 2 mètres au-dessus du sol, puis elle a tari au bout de
deux ans et on a été obligé de la pomper pour l'amener au sol (altitude
276 mètres). Enfin, le forage s'est obstrué vers 80 mètres de profondeur
et la source a été abandonnée.

Source Lafayette. — Due à un sondage assez récent exécuté en 1878 au
cours Lafayette. Il a été poussé à 111^m,60 et M. Roufet, conducteur des
ponts et chaussées, en a conservé la coupe. Le succès a été médiocre,
on n'a pas rencontré de 84 à 90 mètres la nappe minérale qu'on
attendait et le forage s'est poursuivi sans succès dans des argiles alternant avec des bancs de poudingue jusqu'à son abandon. Depuis on a
cherché à capter diverses venues d'eau négligées aux profondeurs
médiocres de 33 et de 45 mètres et en diminuant le diamètre du tube
d'écoulement on a obtenu une venue d'eau au sol assez précaire de
trois mètres cubes par vingt-quatre heures, à la température de 14°,5.

Le diluvium paraît occuper les 7^m,24 du sommet. Les marnes de Cusset
sont comprises entre 7^m,24 et 30^m,90 et l'arkose des Grivats commence
immédiatement au-dessous. Certainement les lits durs désignés dans
cette région du forage sous le nom de *calcaire* sont les couches désignées
sous le nom de poudingue dans le forage Sainte-Marie; le sable gris
qui contenait de 84 à 90 mètres, la nappe ascendante dans le forage
Sainte-Marie était vraisemblablement représentée à la source Lafayette
par le grès avec marne et débris de porphyre rouge atteint de 82^{m}21 à
84^m,33, démontrant une légère ascension des couches à l'est. Une
comparaison minutieuse des deux coupes à la même échelle ne man-
quera pas d'intérêt. On la trouvera Pl. IV.

Source Andreau. — Cette source, ouverte par un forage exécuté en
1891, hors du périmètre de protection des eaux de Cusset, a été re-
cherchée sur un terrain voisin du Sichon, où avait existé autrefois une
venue d'eau désignée sous le nom de source de Chambon et qui avait
été perdue depuis.

Le sondage a 35 mètres de profondeur; l'eau, qui avait au début
une température de 12°, atteindrait aujourd'hui 14°. Son résidu fixe
est de 6^{gr},968 par litre, différant peu des sources typiques de Vichy.

Nous avons retrouvé dans le lit du Sichon et dans l'escarpement qui le domine à une centaine de mètres de cette source des affleurements en grandes tables de l'arkose des Grivats ; la venue d'eau, à 35 mètres de profondeur, paraît être située à la partie moyenne de cette formation.

ANALYSE DE LA SOURCE ANDREAU A CUSSET

(composition minérale par litre.)

Bicarbonate de soude	4,600
— de potasse	0,398
— de chaux	0,837
— de magnésie	0,235
— de protoxyde de fer	0,019
— de protoxyde de manganèse	0,006
Sulfate de soude	0,351
Arséniate de soude	0,012
Phosphate de soude	Traces.
Chlorure de magnésium	0,436
— de lithium	0,034
— de strontium	0,008
Silice	0,009
Total des sels hydratés	6,968
Acide carbonique libre	2,488
Total de la minéralisation	9,457

Malheureusement, les éléments, dans cette analyse, sont groupés arbitrairement et elle n'est pas comparable aux résultats bruts que nous donnons pour les autres sources et qui sont les seuls résultats réellement utiles.

En résumé les eaux minérales de Cusset n'ont qu'un débit irrégulier et une existence précaire ; bien que leur composition chimique soit peu différente de celle des eaux thermales de Vichy, elles nous paraissent des eaux en pleine période d'élaboration, d'une extrême variabilité, qu'on peut rapprocher à certains égards des eaux de Saint-Yorre, d'un volume très insuffisant et qui ne peuvent rivaliser avec les sources sérieuses de la Grande-Grille, du Puits-Carré et de l'Hôpital.

Composition des eaux.

Nous pensons bien faire en reproduisant le résultat des dernières analyses des principales sources minérales de Vichy, telles qu'elles ont été publiées par M. le chimiste Willm, dans un recueil qu'on n'a pas toujours sous la main :

— 51 —

« Comparées aux analyses plus anciennes de M. Bouquet, on constate certaines différences, la plupart peu importantes, mais affectant néanmoins la minéralisation totale. Nous rappellerons, d'abord, l'absence relative de l'acide phosphorique et la présence du lithium en quantité assez considérable; cet élément avait échappé à M. Bouquet. » L'acide carbonique libre a diminué aux Célestins et dans le puits intermittent de Vesse, mais les carbonates ont augmenté en proportion ; le même élément a un peu baissé dans la source Lardy et un peu augmenté au Parc et à Hauterive. Pour le carbonate de magnésie, les chiffres actuels sont bien plus faibles que les anciens d'une quantité variant du tiers au huitième; c'est la modification la plus importante à signaler.

COMPOSITION ÉLÉMENTAIRE DU RÉSIDU D'UN LITRE DES EAUX DE VICHY,

D'APRÈS M. WILLM (1881).

	GRANDE-GRILLE	PUITS CHOMEL	SOURCE LUCAS	L'HOPITAL	CÉLESTINS	MESDAMES	LE PARC	FORAGE LARDY	HAUTERIVE	VESSE
	gr.	gr.	gr.	gr.	gr.	gr.	gr.	gr.	gr.	gr.
Acide carbonique total Co^2	4,224	4.364	5,099	4,708	4,907	4,885	5,213	5,189	5,617	4,738
Acide carbonique gazeux insoluble	0,186	0,183	0,283	0,264	0,342	0,275	0,294	0,320	0,195	0,318
Calcium	0,101	0,100	0,105	0,151	0,194	0,151	0.166	0,187	0,110	0,175
Magnésium	0,013	0,013	0,014	0,014	0,020	0,019	0,017	0,016	0,011	0,021
Oxyde ferrique (avec trace de manganèse)	0,001	0,000	0,003	0,001	0,000	0,008	0,005	0,010	0,5009	0,002
Silice	0,035	0,064	0,050	0,062	0,041	0,032	0,018	0,032	0,018	0,040
Acide sulfurique	0,189	0,186	0,179	0,180	0,181	0,132	0,178	0,181	0,183	0,175
Chlore	0,348	0,349	0,344	0,344	0,314	0,206	0,345	0,359	0,340	0,345
Acide carbonique des alcalis	2,114	2,121	2,057	2,143	1,879	1,818	2,103	2,133	2,047	2,093
Acide arsénique	0,0005	0,0005	0,0005	0,0009	0,0005	0,0007	0,0006	0,0005	0,0005	0,0005
Sodium	1,844	1,852	1,797	1,859	1,651	1,520	1,836	1,877	1,789	1,822
Potassium	0,137	0,137	0,128	0,171	0,123	0,104	0,122	0,130	0,125	0,133
Lithium	0,003	0,004	0,002	0,003	0,005	0,003	0,003	0,003	0,004	0,003
Acide phosphorique. Acide borique. Iode, Strontium. Cæsium, Rubidium.	Traces.	»	»	»	»	»	»	»	»	»
Total des matières dosées	5,007	5,012	5,014	5,179	4,752	4,272	5,123	5,263	4,837	5,133
Résidu fixe en y comprenant pertes et matières non dosées	5,016	5,036	5,024	5,182	4,762	4,280	5,124	5,278	4,861	5,136

COMPOSITION DU RÉSIDU ÉLÉMENTAIRE D'UN LITRE D'EAU DE VICHY
D'APRÈS BOUQUET (1855).

	GRANDE-GRILLE	PUITS CHOMEL	SOURCE LUCAS	HOPITAL	CÉLESTINS	MESDAMES	PUITS DU PARC	SAINTE-MARIE A CUSSET	HAUTERIVE	VESSE
	gr.	gr.	gr.	gr.	gr.	gr.	gr.	gr.	gr.	gr.
Acide carbonique total	4,418	4,420	5,348	4,719	4,705	5,029	5,071	5,329	5,640	4,831
Calcium	0,169	0,466	0,212	0,022	0,180	0,235	0,239	0.257	0,168	0,265
Magnésium.	0,097	0,108	0,088	9,064	0,105	0,136	0,068	0,148	0,160	0,122
Oxyde de fer. . . .	0,002	0,002	0,002	0,002	0,002	0,012	0,062	0,024	0,008	0,002
Silice	0,070	0,070	0,050	0,050	0,060	0,032	0,055	0,025	0,071	0,041
Acide sulfurique. .	0,164	0,164	0,164	0,164	0,164	0,141	0,177	0,192	0,164	0,437
— arsénique . .	0,001	0,001	0,001	0,001	0,001	0,002	0,001	0,002	0,001	0,001
— phosphorique	0,070	0,638	0,038	0,025	0,650	Traces.	0,076	Traces.	0,025	0,088
— chlorhydrique . .	0,334	0,334	0,324	0,324	0,334	0,222	0,334	0,283	0,334	0,318
Sodium	2,488	2,536	2,501	2,560	2,560	1,957	2,500	2,344	2,365	1,912
Potassium	0,182	0,192	0,146	0,228	0,164	0,098	0,151	0,133	0,098	0,115
Acide borique . . . Manganèse. . . . . Matières bitu- mineuses. . . . Strontiane	Traces.	»	»	»	»	»	»	»	»	»
Total des matières dosées	7,997	8,042	8,877	8,302	8,327	7,806	8,887	8,739	9,059	7,835

M. Daubrée (1) a signalé quelques substances qui se trouvent en
très petite quantité dans les eaux de Vichy, mais qu'il est possible de
constater en évaporant des masses d'eau assez considérables; ce sont :
le brome, le cobalt et le plomb; les corps comme le fluor, le strontium,
cœsium, rubidium ont été signalés par la plupart des analystes.
L'analyse des eaux mères d'évaporation obtenues dans la fabrication
des sels employés pour les pastilles permettrait certainement d'aug-
menter encore la liste des substances rares provenant de minéraux
accidentels dispersés dans les porphyres.

Il nous semble qu'il n'y a pas lieu de s'étonner de trouver des
analyses discordantes dans une certaine mesure; c'est au contraire
l'unité et la permanence de la composition minérale qui serait extraordinaire. Il faut tenir compte non seulement de la variation dans
la teneur minérale réelle des eaux, mais aussi de la difficulté des analyses, de la pureté des réactifs, de la durée des manipulations et d'une

---

(1) *Les Eaux souterraines à l'époque actuelle*, t. II.

foule de détails qui peuvent avoir une réelle influence. Un chimiste russe ayant analysé après un confrère de l'eau provenant d'un forage profond ascendant à Saint-Pétersbourg et ayant trouvé une composition différente, s'est astreint pendant une année entière à analyser chaque semaine et dans les mêmes conditions l'eau minéralisée du même forage et il a trouvé chaque semaine des chiffres variés. Il en est de même de la température, les chiffres des divers observateurs sont discordants (1), il est impossible d'atteindre à un absolu, d'ailleurs inutile, dans tous ces chiffres obtenus dans des conditions toujours très différentes, et sans contrôle mutuel.

Température des Eaux de Vichy.

L'étude de la température des eaux est un des éléments géologiques importants dans la recherche de l'origine des eaux minérales. On sait d'ailleurs en gros depuis longtemps que l'élévation de la température dans la profondeur est un fait général, mais les renseignements se sont trouvés si peu concordants qu'on n'a pu déterminer encore les éléments qui influent dans la question, et pour quels motifs dans les divers points du globe le degré géothermique était variable, pourquoi le nombre de mètres dont il fallait descendre pour obtenir une élévation d'un degré dans la température était différent d'un point à un autre. M. de Lapparent a fort bien résumé l'état de la question dans la troisième édition de son Traité de Géologie. La nature de la roche paraît exercer une action qui n'a pas encore été mesurée ; dans les terrains stratifiés plus ou moins homogènes, le résultat d'un grand nombre de moyennes a été que l'accroissement dans la température en profondeur est de trente mètres pour un degré centigrade. Dans les pays de montagnes, au voisinage des roches cristallines, l'accroissement géothermique paraît bien plus rapide ; dans les mines de Pontgibaud (Puy-de-Dôme) on a constaté un accroissement de température de un degré par chaque 10 mètres.

Nous n'avons pour Vichy qu'une seule mesure bien nette de température à invoquer, c'est celle exécutée par M. H. Voisin pour le forage Lardy. Ce forage de 148 mètres a donné au fond, au moyen d'un thermomètre à maxima de Walferdin, $30°,5$, tandis que la température de la même eau au niveau d'émergement n'était plus que de $23°,5$, soit une différence de $7°$ pour 148 mètres, ce qui conduit à un degré geothermique de 21 mètres, de beaucoup supérieur à la moyenne

---

(1) CHEVALLIER : Lettre sur les Eaux minérales de Vichy *(Bull. Acad. de Médecine)*, I, p. 10, 1836.)

classique. Nous sommes conduits d'ailleurs à ce même résultat par une autre méthode qui a donné des chiffres discordants dont nous avons fait la moyenne.

M. P. Choffat a très exactement posé les termes de ce genre de calcul dans son étude sur les eaux minérales du Portugal (1). Il est certain que pour connaître l'excès de température d'une eau souterraine, il est indispensable d'en soustraire la moyenne thermique du lieu. Depuis longtemps on sait, du reste, que la température des sources superficielles représente assez exactement cette moyenne locale annuelle. Des observations suivies faites à Moulins, qui est dans une situation très analogue à celle de Vichy, ont donné les résultats suivants :

1873—1874.	Moyenne annuelle	12°,1
1874—1875.	—	12°,4
1875—1876.	—	11°,7
1876—1877.	—	13°,0
1877—1878.	—	12°,0
1878—1879.	—	11°,0
		72°,2

Pour six années ; moyenne anuelle 12°.

Il convient donc de soustraire la température de 12° de celle des eaux à Vichy pour connaître leur exces réel de température. En divisant cet excès par la profondeur des forages, on a le degré géothermique de chaque source. Voici le résultat de ce calcul :

Forages.	Temp. orific.	Temp. moyenne.	Accroissement.	Profondeur.	Degré géothermique.
Mesdames	17°	12	+ 5°	93ᵐ	18ᵐ
Sainte-Élisabeth . . .	15	12	+ 3	83	27
Sainte-Marie.	16	12	+ 4	115	28
Lardy.	23	12	+ 11	148	14
Larbaud.	21	12	+ 9	108	12
Hauterive	14,5	12	+ 2.5	83	30
Larbaud-Saint-Yorre .	14	12	+ 2	33	16
Moyenne des sept observations.					145ᵐ

Soit, degré moyen, 20 mètres.

Mais cette méthode n'est pas exempte d'erreurs graves ; ainsi, elle donne pour le puits Lardy un degré géothermique de 14 mètres, tandis que la première évaluation donnait une valeur de 21°. C'est qu'il faut tenir compte d'éléments divers, tels que le volume de l'eau ; on comprend qu'une source abondante se refroidisse moins rapidement qu'une source faible. Les chiffres des forages de Cusset concordent assez bien

---

(1) P. Choffat. *Contributions à la connaissance géolog. des sources minéro-thermales du Portugal.* (Lisbonne, 1893, p. 11).

entre eux, mais sont eu désaccord avec ceux de Vichy ; peut-être des eaux superficielles froides se mêlent à la nappe minérale au cours de son ascension.

Pour Hauterive, l'eau n'est pas ascendante depuis 85 mètres, la nappe n'est qu'à 29 mètres et cette profondeur donnerait un degré géothermique de 14 mètres, comparable à celui de Saint-Yorre. La nouvelle source d'Hauterive donne $27 - 12 = 5^\circ$ pour 60 mètres de profondeur $= 12$ mètres par degré d'accroissement ; enfin, la question de l'intermittence rend très difficile l'exacte appréciation de la température de certaines sources.

Nous ne développerons pas davantage cette question compliquée ; nous en avons dit assez cependant pour qu'en transportant aux eaux chaudes de l'État nos observations, nous soyons à même d'apprécier la profondeur dont elles peuvent venir, sans nous perdre dans des suppositions exagérées.

Prenons la température la plus haute observée qui a été celle de 45° au Puits-Carré, nous écrirons :

$45^\circ - 12^\circ = 33^\circ$ d'accroissement réel de température qui pour un degré géothermique de 20 mètres correspond à une profondeur de 660 mètres. L'eau de Vichy ne vient donc point du centre de la terre ni d'une profondeur prodigieuse comme quelques écrivains théoriciens se sont plu à l'avancer. C'est une profondeur très grande certainement, mais non pas inaccessible, puisque des mines de houille, en Belgique, sont exploitées jusqu'à 1300 mètres de profondeur.

TROISIÈME PARTIE

THÉORIES SUR L'ORIGINE DES EAUX DE VICHY

Arrivés à ce point de nos études nous pouvons reprendre les théories émises sur l'origine des eaux de Vichy pour en discuter plus mûrement la valeur en tenant compte de ce que nous avons réussi à déterminer :

1° Quelles étaient les roches réellement sodiques de la région ;

2° Quelle était la disposition architecturale des couches des environs de Vichy, la direction de l'écoulement des eaux dans les couches s'abaissant au nord-ouest ;

3° La profondeur de la nappe minérale artésienne, la limite restreinte à donner au nom de « Bassin de Vichy », la supériorité des sources de l'État.

Nous pouvons considérer que l'hypothèse la plus simple est de supposer que les eaux chargées de soude par la décomposition des porphyrites s'infiltrent dans la profondeur au contact des poudingues carbonifères et des couches du Culm, glissent dans ce synclinal, qu'elles sont arrêtées dans la profondeur par le granite ou la micropegmatite qui sont imperméables et qu'elles ressortent en contre-bas en crevant les couches tertiaires dans une région de points faibles. Arrêtées partiellement dans les assises perméables de l'arkose, qui sont surmontées par les marnes de Cusset, elles donnent lieu à une nappe minérale vers le contact de ces deux formations. Certainement les eaux atmosphériques jouent ici le plus grand rôle et l'acide carbonique dont elles sont chargées devient un agent agressif et dominateur qui chasse même l'acide silicique de ses combinaisons feldspathiques. Le principe de l'altération part de la surface, la sorte de pourriture, de décomposition, de kaolinisation des porphyrites se passe sous nos yeux, à la surface et la profondeur ne nous montre que des roches denses, compactes, inaltérées, dont l'activité chimique n'apparaît plus.

L'origine de l'acide carbonique est le plus difficile à expliquer ; il semble que les eaux atmosphériques n'en doivent pas renfermer suffisamment, mais elles en empruntent certainement, ainsi que de la chaux, aux calcaires du Vernet et aux marnes hydrauliques de Cusset. Les gisements de porphyrites sont limités autour du Plateau Central ; il faut le voisinage du granite, la couverture imperméable d'argile, la présence du calcaire et toute une série de conditions particulières qui se rencontrent à Vichy et n'existent pas réunies ailleurs, pour expliquer la formation de ces eaux minérales, et leur isolement à côté de tant de bassins hydrologiques dont les produits sont bien différents.

Il importe de rappeler sommairement les diverses opinions émises par les géologues pour expliquer la présence des quantités considérables d'acide carbonique qui accompagnent la venue des eaux de Vichy. Ils ont fait remarquer que cette abondance de l'acide carbonique n'était pas spéciale à Vichy, mais très générale également de tous côtés sur le Plateau Central; à Saint-Nectaire des bouillons d'acide carbonique sortent du sous-sol granitique dans les champs et dans les mares. A Royat, la grotte du Chien est connue; à Pontgibaud, certaines galeries de la mine de plomb sont remplies par l'acide carbonique qui semble sortir de dessous le basalte; en mille endroits sa présence a été signalée. On a considéré surtout cette abondance de gaz comme la manifestation ultime des phénomènes volcaniques. M. Fouqué pense que la décomposition de l'eau de mer a joué un grand rôle dans les manifestations souterraines et qu'elle donne de l'acide carbonique comme dernier produit. D'autres géologues, tout en reconnaissant la présence de l'acide carbonique comme la manifestation ultime de l'activité volcanique, n'ont pas admis l'intervention de l'eau de mer comme indispensable; d'autres enfin se sont demandé si le noyau central du globe, reconnu comme formé principalement de fer, n'était pas composé surtout de fonte qui laisserait échapper de l'acide carbonique pendant son refroidissement. Une autre école enfin considère l'acide carbonique et les produits carbonés comme d'origine spécialement organique, et pense que les émanations carbonées sont liées à des dépôts altérés de végétaux: houillers, pétrolifères, ligniteux, etc., et que le perpétuel mouvement de ces matières en combinaison avec la chaux amène une succession de produits solubles et insolubles, gazeux ou solides, pour lesquels l'atmosphère entre en collaboration active.

Remarquons qu'une fois ces alcalis mis en liberté, ils travaillent efficacement à l'altération plus profonde de la roche. Depuis longtemps M. Delesse (1) a montré l'action énergique de la lessive de potasse et de soude sur les roches les plus siliceuses. Il dit : « Toutes choses égales l'action des alcalis sur les roches est d'autant plus grande que ces roches sont plus riches en silice, que leur structure est moins cristalline, qu'elles contiennent moins de quartz hyalin. La facilité avec laquelle les roches silicatées sont attaquées par les alcalis, et même par les carbonates alcalins, démontre que les alcalis ont aussi produit des altérations considérables dans les roches. »

---

(1) *Bull. Soc. Géol.* 2ᵉ série, t. XI, 127 (1853).

Dans l'*Histoire chimique des eaux minérales de Vichy*, M. Bouquet a donné une description géologique des environs sans que, cependant, il ait vu distinctement, entre la composition spéciale des roches, leur disposition et la venue des eaux, une relation étroite de cause à effet ; il dit, cependant : « Les eaux minérales qui émergent des sources naturelles de Vichy, aussi bien que celles qui jaillissent des forages exécutés depuis quelques années autour de cette ville, liées de position aux roches porphyriques, volcaniques ou basaltiques environnantes, sont, sans nul doute, de *formation géologique ;* elles ont bien certainement toutes la même origine, et les différences que présente leur composition chimique proviennent incontestablement des modifications par perte ou acquisition de principes qu'elles ont éprouvées, tant pendant leur séjour dans les assises inférieures du terrain tertiaire que dans le cours de leur trajet ascensionnel. »

Partageant, d'ailleurs, les idées d'Élie de Beaumont qui avaient cours alors sur les *émanations* volcaniques et métallifères, il ajoute ailleurs : « On regarde aujourd'hui les sources minérales comme ayant une origine géologique, et ces déjections liquides et gazeuses paraissent être la manifestation incessante des réactions chimiques qui se passent à l'intérieur du globe, en même temps qu'un produit de l'immense foyer où s'élaborent les formations éruptives de l'époque actuelle. »

Il serre la question de plus près quand il dit : « Il n'est pas douteux, d'ailleurs, que ces eaux thermales n'aient leur point de départ au-dessous des calcaires lacustres ; elles ne prennent presque rien aux couches argileuses ou calcaires supérieures et elles y forment, au contraire, un dépôt concrétionné, s'isolant ainsi par un canal à parois solides empruntées à leur propre substance. Il n'est pas moins digne de remarque qu'après avoir très probablement traversé les porphyres elles apportent au jour quinze ou vingt fois plus de soude que de potasse, tandis que, dans la composition de ces roches cristallisées, le poids de cette dernière base est au moins égal au quart de celui de la soude. »

Certainement, M. Bouquet n'a pas fait d'analyse des porphyrites, comme M. Auscher ; il s'est basé sur des analyses anciennes de roches analogues d'autres localités ou il a tablé seulement sur les roches granitiques de la région, et il n'a pas eu connaissance de la composition toute spéciale des couches de Culm.

Il termine en disant : « Nous admettrons donc que des eaux chaudes, tenant en dissolution la plupart des composés salins propres aux eaux minérales que nous avons étudiées, sortent des porphyres ou des roches volcaniques ou basaltiques qui les traversent et, s'épanchant par des canaux multiples dans les assises inférieures du terrain tertiaire, constituent ainsi le bassin hydrologique de Vichy, les conduites les plus directes alimentant les anciennes sources thermales de Vichy, les nappes épanchées dans les terrains stratifiés arrivent au jour refroidies par quelques orifices naturels indirects et surtout par les ouvertures tubulaires pratiquées depuis quelques années par la sonde artésienne. La tension de l'acide carbonique libre ou dissous dans ces eaux minérales, l'irrégularité de leurs canaux souterrains occasionnent des perturbations continuelles dans le régime de ces sources et, en les soustrayant aux lois ordinaires de l'hydrostatique, viennent compliquer à l'infini le mode d'éruption de ces mélanges demi-gazeux, demi-liquides. »

Nous ne nous arrêterons pas à relever les contradictions manifestées dans ces passages, nous aimons mieux voir en M. Bouquet un précurseur des idées actuelles, car il a continuellement reconnu l'importance plus ou moins grande pour les eaux minérales des terrains qu'elles traversent.

Le mémoire de M. Voisin, si bien rempli de détails intéressants sur chacune des sources, leurs relations, leur captage, leur température et leur volume, développe peu la question du mécanisme de l'apparition et du mode de formation des eaux. Il pense que les environs de Vichy ont été à l'époque miocène le théâtre de phénomènes geysériens très importants dont les épanchements actuels ne sont qu'une suite atténuée. Il reconnaît néanmoins que les phénomènes volcaniques de l'Auvergne, tels que les basaltes, sont nettement postérieurs et que leurs débris se trouvent seulement dans les alluvions anciennes et les dépôts cailloುteux des plateaux. Il dit : « Tout porte à croire que les eaux thermales, en particulier, celles qui nous occupent ici, s'élèvent en suivant les fractures de l'écorce terrestre des entrailles mêmes du globe, d'où elles se dégagent à l'état de vapeur pour se condenser ensuite en se refroidissant à mesure qu'elles se rapprochent de la surface. Quelques-unes de ces cassures traversent la croûte solide dans toute son épaisseur, en communiquant au moins avec l'atmosphère par un certain nombre de cheminées naturelles. Une partie des eaux qui y circulent s'élèvent directement jusqu'au jour; ces eaux sont celles qui conservent le mieux leur chaleur initiale. D'autres cassures ne communiquent pas directement avec l'atmosphère et déversent leurs eaux dans les couches perméables de la formation lacustre, où elles forment parfois des nappes sensiblement horizontales. » D'après cette explication, pas n'est besoin d'étudier la géologie des environs de Vichy et les roches qui la constituent; du moment que les eaux minérales viennent des entrailles du globe, leur composition n'est pas nécessairement en relation avec leur gisement. Nous revenons aux pires théories de M. Lecoq qui croyait qu'elles venaient de dessous le granite et que nous ne pouvons rien savoir sur leur origine qui tient du merveilleux.

Rappelant les termes du rapport de M. Baudin sur le périmètre de protection à donner aux eaux de Vichy, rapport qui l'a conduit à un polygone quelconque non motivé et dans lequel il disait : « Les eaux viennent des profondeurs du sol par des cassures dont le nombre, l'âge géologique et la direction nous sont encore inconnus », M. Voisin a cherché à résoudre cet inconnu et à déterminer le nombre, la direction et l'âge des cassures qui amènent de la profondeur les eaux de Vichy; il a cru reconnaître quatre failles parallèles, orientées comme le filon des Célestins, qui sont :

Le filon du moulin des Couteliers dans la vallée du Sichon;

La cassure du Puits-Carré;

La cassure de l'Hôpital;

Le filon des Célestins.

Une fracture transversale, également orientée, passant à Hauterive, laisse Saint-Yorre nettement au sud. Une carte montre la direction et le parallélisme de ces fractures. Malheureusement, l'examen géologique du pays ne confirme pas visiblement ces tracés ; les assises tertiaires ne paraissent aucunement atteintes par les failles des roches primaires : quand les couches tertiaires se sont déposées, les roches anciennes étaient déjà redressées et en l'état où nous les observons aujourd'hui. M. Voisin, à la fin de sa rédaction, arrive cependant à admettre qu'une partie de la minéralisation des eaux de Vichy peut provenir de la surface; ces éléments, d'une teneur capricieuse, seraient le fer et l'acide phosphorique qui seraient entraînés dans les profondeurs par les eaux atmosphériques qui dissoudraient en descendant ces matières répandues dans les couches tertiaires, l'acide phosphorique existant avec une certaine abondance dans les assises supérieures ossifères du calcaire lacustre et le fer étant fort commun à l'état de pyrite dans les couches marneuses bleues de Cusset. Mais, quant à supposer que les eaux chaudes de Vichy doivent, en quoi que ce soit, leur thermalité au voisinage du basalte « injecté à une époque relativement récente dans les cassures des Célestins et du Puits-Carré », nous protestons vivement contre cette hypothèse et considérons comme non prouvée la présence de roches éruptives dans le sous-sol de Vichy et nous ne pouvons y voir aucune relation avec leur température.

Les idées de M. Daubrée, qui a beaucoup étudié le régime des eaux souterraines, sont intéressantes à noter. Nous nous associons à lui quand il dit : « Les apports internes paraissent s'être opérés en très grande partie sous l'influence d'infiltrations d'eau, qui, après être descendues de la surface du globe, seraient remontées des régions profondes associées à des substances qu'elles ont dissoutes ou entraînées »; mais nous ne saurions admettre « qu'à mesure qu'on étudie mieux l'écorce terrestre, on y reconnaît des preuves de plus en plus nombreuses de l'intervention de 'activité interne ». Nous pensons au contraire que

l'étude des eaux minérales est une preuve abondante de l'activité
externe des actions chimiques : c'est par des eaux venues de la surface
chargées de principes minéraux que les sources souterraines s'alimentent
et leur retour à la surface se fait en vertu des lois générales de l'hydrostatique et avec l'aide d'agents gazeux développés au cours des réactions
chimiques effectuées pendant l'écoulement des eaux superficielles.

Les idées de M. Auscher sont diamétralement opposées à celles
de M. Voisin; il admet que toute la minéralisation des eaux de Vichy
vient de la surface; son travail est essentiellement une thèse chimique,
mais à laquelle il manque malheureusement des analyses; il n'a pas
mis la main sur les roches sodiques de la région, il a cherché au loin
des dépôts granitiques en voie de kaolinisation en leur attribuant la
composition chimique des granites ordinaires; il a difficilement trouvé
la soude nécessaire accompagnée de trop de potasse, il n'a pas fixé son
attention sur les porphyrites. Il est amené par des idées générales
empruntées à Brongniart, à Ebelmen, etc., à formuler cette loi, parfaitement justifiée du reste, que : « Toute eau minérale indique par sa
composition chimique des phénomènes de décomposition souterraine
directe ou indirecte, dont les roches qu'elle a traversées, pour se miné-
raliser sont l'objet ». Dans cette partie chimique nous contesterons
seulement ce qui a trait au fluor; les quantités de ce soi-disant
« minéralisateur », cher à l'école éruptiviste, sont partout si faibles, autour
de Vichy qu'on ne peut leur attribuer aucune valeur. Il faut se résigner
à voir l'acide carbonique sous une forme active présider à la désagrégation de roches et déplacer l'acide silicique (1).

Toute la partie géologique du travail de M. Auscher diffère notable-
ment de ce que nous avons exposé : il a emprunté à M. de Launay la
majeure partie de sa rédaction, sans le comprendre suffisamment; comment, en effet, aurait-il placé Saint-Yorre dans le même bassin que
Vichy s'il avait saisi l'existence d'un axe anticlinal coupant souterrai-
nement et transversalement la vallée de l'Allier entre Saint-Yorre et
Hauterive comme l'admet M. de Launay? Aucun des mouvements et
cassures qu'il suppose ne sont probants ou corrects : 1° la cassure
d'intersection des tufs porphyriques et des schistes carbonifères *n'est
pas* perpendiculaire au cours moyen de l'Allier, elle n'a eu aucune
influence sur les dépôts tertiaires qui la recouvrent, qui n'en ont pas
été affectés; 2° l'intersection du miocène du nord de Cusset avec les
micaschistes *n'est pas* une cassure inclinée à 45° sur la ligne de l'Allier,
c'est une ligne de dénudation quelconque qui ne révèle aucun accident
dans la profondeur; 3° l'intersection des schistes porphyriques et des

---

(1) Petermann et Graftiau Recherches sur la composition de l'atmosphère. (*Mém. Acad.
Sc. de Belgique*, 1891.)

schistes carbonifères avec le miocène du sud de Vichy *ne forme pas* une cassure droite, c'est la suite de la ligne de dénudation précédente formant par une vaste courbe un peu sinueuse la limite du tertiaire dénudé sur le primaire; 4° M. Auscher dit que les masses granitiques et granulitiques forment à l'ouest et à l'est de la vallée de l'Allier deux grandes masses sensiblement orientées du nord au sud, or, les travaux de M. de Launay ont eu justement pour but de démontrer que le terrain primitif formait une série de plis orientés du nord-ouest au sud-est et que dans chaque anticlinal apparaît le granite, dans chaque synclinal existe le houiller. Il est inutile de relever toutes les différences qui nous séparent de M. Auscher; jamais aucun géologue n'admettra que le lit actuel de l'Allier est une vallée anticlinale. Il n'est pas exact non plus de dire que « l'intersection des deux vallées du Sichon et de l'Allier a bouleversé d'une façon absolue les couches miocènes, pliocènes et quaternaires; on ne sera donc pas étonné de ne plus trouver au nord du Sichon aucune source d'eau minérale de Vichy ». Or, les couches de la rive droite du Sichon au nord de Cusset et de Vichy, parfaitement visibles à la Montagne-Verte et à Creuzier correspondent trait pour trait aux couches de la colline du Vernet; les marnes bleues, les calcaires à phryganes, à hélix, les lits marneux, sableux, tout y est parfaitement concordant; les placages de sables et graviers pliocène et pléistocène sont conformes et montent jusqu'à la même altitude, le bouleversement en question n'existe donc pas. Après cela on ne s'étonnera pas de nous voir rejeter les limites du bassin de Vichy telles que M. Auscher les a comprises et rejeter la coupe géologique qu'il a préparée. Tous les forages au sud de Vichy, entre Vichy et Hauterive, n'ont montré en réalité qu'une seule nappe d'eau minérale; à Saint-Yorre la situation est différente et les six nappes sableuses régulières figurées sous Cusset sont en contradiction avec les données fournies par les forages que nous avons cependant essayé avec soin de faire concorder.

Nous regrettons d'avoir à combattre aussi vivement le mémoire de M. Auscher, car nous reconnaissons qu'il a montré un réel courage en cherchant à prouver l'origine superficielle d'une eau minérale qui avait été considérée comme d'origine geysérienne par la plupart des précédents écrivains; nous devons nous associer également à son vœu en demandant la revision du périmètre de protection des eaux de Vichy, qui n'a pas été établi sur des bases scientifiques suffisantes et qui laisse la porte ouverte à des recherches qui pourraient troubler le régime normal des précieuses sources de l'État.

G. Dollfus.

Paris, 15 novembre 1893.

BIBLIOGRAPHIE GÉOLOGIQUE

DES ENVIRONS DE VICHY

1606. **Jean Banc.** — La mémoire renouvelée des merveilles des eaux naturelles.
1686. **Claude Fouet.** — Nouveau système des bains et eaux minérales de Vichy.
1778. **Des Cerest.** — Traité des eaux de Vichy (anciens mémoires cités d'après M. Voisin).
1759. **Guettard.** — Mémoire sur la minéralogie de l'Auvergne. (*Mémoires Académie des Sciences*, année 1759, imprimé en 1765.)
1815. **Ramond.** — Notice sur la constitution minéralogique des principaux points de l'Auvergne.
1825. **Poulett-Scrope.** — Considérations ou Volcanos (2° édition en 1857, traduction française par Vimont en 1863. — Clermont, in-8°, 380 p., cartes, panoramas, figures).
1820. **Berthier et Puvis.** — Notice sur les eaux de Vichy. (*Annales des Mines*, t. V, p. 413.)
1836. **Daubney.** — Report on mineral springs. (*British. Assoc. Adv. Science*, t. V, p. 20.)
1836. **Lecoq.** — Vichy et ses environs (in-8°).
1836. **Lecoq.** — Recherches sur les eaux thermales et sur le rôle qu'elles ont rempli à diverses époques. (Clermont-Ferrand, in-8°.)
1841. **Dufrénoy et Elie de Beaumont.** — Explication de la carte géologique de la France. (Paris, in-4°, p. 101.)
1842. **Viquesnel.** — Note sur les environs de Vichy. (*Bull. Soc. Géol. de France*, t. XIV, p. 145.)
1843. **Pissis.** — Note sur le relief et les limites primitives des terrains tertiaires du bassin de l'Allier. (*Bull. Soc. Géol.*, 2ᵉ série, t. 1, p. 46.)
1844. **Boulanger.** — Statistique géologique de l'Allier. (Moulins, in-12, 482 pages, avec carte au 1/160.000ᵉ.)
1845(?). **Dʳ Al. Giraudet.** — Description géognostique des environs de Vichy (Allier). (Tours, 16 pages, in-12.)
1843. **Victor Raulin.** — Sur la disposition des terrains tertiaires des plaines de l'Allier et de la Loire. (*Bull. Soc. Géol.*, 1ʳᵉ série, t. XIV, p. 577, planches.)
1846. **Pomel.** — Géologie et paléontologie du terrain tertiaire de l'Allier. (*Bull. Soc. Géol. de France*, 2ᵉ série, t. III, p.   .)
1851. **R. I. Murchison.** — On the Staty rocks of the Sichon and on the origine of the mineral springs of Vichy. (*Quart. Journ. Géol. Soc. of London*, t. VII.)
1855. **Bouquet.** — Histoire chimique des eaux minérales de Vichy-Cusset. (Paris, Masson, in-8°, 282 p., 1 carte, 1 coupe, figure.)
1857. **Grüner.** — Description géologique du département de la Loire.
1861. **Heer (O.).** — Recherches sur le climat et la végétation du pays tertiaire. Traduction Gaudin. (Winterthur, in-4°, cartes.)
1864. **H. Lecoq.** — Les eaux minérales du massif central de la France considérées dans leurs rapports avec la chimie et la géologie. (Paris, in-8°, Rothschild.)
1868. **Th. Ebray.** — Végétaux fossiles du terrain de transition du Beaujolais. (Lyon, grand in-8°, *Annales Soc. Sciences industrielles*.)
1870. **Alph. Milne Edwards.** — Observations sur la faune ornithologique du Bourbonnais pendant la période tertiaire moyenne. (*Annales des Sciences géologiques*, t. II, p. 6. Paris, in-8°.)
1871. **E. Oustalet.** — Insectes fossiles de l'Auvergne. (*Biblioth. École Hautes-Études*, t. IV. — Paris, Masson, 178 pages, 6 planches. Introduction géologique).
1873. **De Gouvenain.** — Recherches sur la composition chimique des eaux thermo-minérales de Vichy. (*Annales des Mines*, 7ᵉ série, t. III, p. 39.)
1873. **Guyerdet.** — Roches des environs de Roanne. (*Bull. Soc. Géol.*, 3ᵉ série, t. 1, p. 498.)
1873. **De Koninck.** — Liste des fossiles du calcaire carbonifère de Regny. (*Bull. Soc. Géol. de France*, 3ᵉ série, t. 1, p. 434. Réunion extraordinaire à Roanne.)

1874. **A. Julien.** — Sur une faune carbonifère marine découverte aux environs de l'Ardoisière dans la vallée du Sichon. (*Comptes rendus Acad. des Sciences,* 5 janvier 1874, p. 74.)

1879. **Guiller.** — Lettre à M. Delesse sur la géologie des environs de Vichy. (*Revue de Géologie,* t. XV, p. 146. — Paris.)

1879. **Voisin.** — Mémoire sur les sources minérales de Vichy et de ses environs. (*Annales des Mines.* — Paris, Dunod, 116 p., 2 pl.)

1880. **A. Julien.** — La Limagne et les bassins tertiaires du Plateau Central. (*Annuaire du Club Alpin Français,* t. VII, p. 446.)

1881. **A. Julien.** — Sur l'existence et les caractères du terrain cambrien dans le Puy-de-Dôme et l'Allier. (*Comptes rendus Acad. Sciences,* 21 mars.)

1883. **Jacquot et Willm.** — Sources minérales du bassin de Vichy. (*Recueil des Travaux du Comité consultatif d'hygiène publique,* t. XI, p. 405.)

1883. **Michel Lévy.** — Roches éruptives basiques du Mâconnais. (*Bull. Soc. Géol. France,* 3ᵉ série, t. XI, p. 293.)

1885. **Jacquot.** — Mémoire sur les stations d'eaux minérales de la France. (*Comité consultatif d'Hygiène publique.* — Imprimerie Nationale, Paris, 80 p., 1 carte.)

1885. **Filhol (H.).** — Étude des mammifères fossiles de Saint-Gérand-le-Puy (Allier). 1ʳᵉ partie, 252 p. 30 pl. (*Annales des Sciences Géol.,* t. XI; 2ᵉ partie, t. X, 1881, 86 p., 20 pl.)

1885. **Michel Lévy et Munier-Chalmas.** — Note sur la base des terrains tertiaires des environs d'Issoire. (*Comptes rendus Acad. Sciences,* 7 décembre 1885.)

1886. **Bretet.** — Études sur les eaux non minérales de la région de Vichy. (*Bull. Soc. d'Hygiène de Vichy,* n° 5, p. 25.)

1887. **De Launay.** — Note sur les Porphyrites de l'Allier. (*Bull. Soc. Géol.,* 3ᵉ série, t. XVI, p. 84.)

1887. **Daubrée.** — Les eaux souterraines à l'époque actuelle. (Paris, in-8°, 2 vol.)

1888. **De Launay.** — La dislocation du terrain primitif dans le nord du Plateau Central. (*Bull. Soc. Géol.,* 3ᵉ série, t. XVI, p. 1045 et 1077.)

1889. **Michel Lévy et Munier-Chalmas.** — Étude faite en 1884 sur les environs d'Issoire. (*Bull. Soc. Géol. France,* 3ᵉ série, t. XVII, p. 263.)

1890. **Le Verrier.** — Note sur les formations géologiques du Forez et du Roannais. (*Bull. Services Carte Géol. France,* n° 15.)

1890. **A. Julien.** — Résultats généraux d'une étude d'ensemble du calcaire carbonifère marin du Plateau Central. (*Comptes Rendus Acad. Sciences,* 31 mars).

1890. **Michel Lévy.** — Compte rendu de la réunion extraordinaire de la Société géologique de France, à Clermont-Ferrand. (*Bull. Soc. Géol.,* 3ᵉ série, t. XVIII, p. 688 et 713.)

1890 **Gronnier.** — Excursions géologiques dans les environs de Vichy. (Lille, in-8°.) (*Annales Soc. Géol. du Nord,* t. XVII, p. 47.)

1892. **De Launay.** — Études sur le Plateau central: I. La vallée du Cher dans la région de Montluçon. (*Bull. Services Carte Géol.,* n° 30.)

1892. **Roman et Colin.** — Bactériologie des eaux minérales de Vichy. (Paris, Baillière, 80 p.)

1892. **E.-S. Auscher.** — Origine géologique des eaux naturelles minérales du bassin de Vichy. (*Annales Médecine thermale.*) (Paris, Baillière, gr. in-8°, 48 p., fig.   .)

1893. **Paul Gautier.** — Observations sur une Randannite miocène marine de la Limagne d'Auvergne. (*Comptes rendus Acad. Sciences,* p. 1527, 26 juin.)

1893. **De Lapparent.** — Traité de Géologie, 3ᵉ édit. (Paris, Savy, gr. in-8°, p. 1274 et suiv.)

1893. **A. Julien.** — Sur l'origine glaciaire des brèches des bassins houillers de la France centrale. (*Comptes rendus Acad. Sciences,* p. 253, 24 juillet.)

1893. **A. Julien.** — Sur la géogénie et la stratigraphie des bassins houillers de la France centrale. (*Comptes rendus Acad. Sciences,* p. 344, 21 août.)

EXPLICATION DES PLANCHES

Planche I, figure 1. — Vue prise sur la route de l'Ardoisière montant les couches redressées du poudingue carbonifère *(Voir page 11)*.

— **figure 2**. — Vue de la carrière de Cusset au bord de la route de Vichy. Marnes hydrauliques oligocènes exploitées *(Voir page 22)*.

Planche II, figures 1 et 2. — Vues des carrières d'Arkose au-dessus des Grivats. Poudingues et argiles tertiaires largement exploités *(Voir page 18)*.

Planche III. — Coupe géologique du bassin de Vichy orientée du sud-est au nord-ouest montrant l'inclinaison des couches tertiaires au nord-ouest. *(Voir page 41)*.

Planche IV. — Coupe géologique comparative des couches rencontrées dans les forages Sainte-Marie et Lafayette à Cusset.

(La source Lafayette est à 500 mètres au sud-ouest de celle de Sainte-Marie) *(Voir page 49)*.

Planche V. — Carte géologique des environs de Vichy dressée sur la carte topographique de l'Etat-Major au 1/80.000ᵉ et agrandie au 1/65.000ᵉ, d'après les documents existants et nos propres observations.

M. Voisin a donné l'étendue du périmètre de protection pour Vichy et pour Cusset.

TABLE DES MATIÈRES

INTRODUCTION

PREMIÈRE PARTIE
Description et allure des roches aux environs de Vichy.

DEUXIÈME PARTIE
Sources minérales des environs de Vichy.

TROISIÈME PARTIE
Théories sur l'origine des eaux minérales de Vichy.

IMPRIMERIE CHAIX, RUE BERGÈRE, 20, PARIS. — 24322-11-93. — (Encre Lorilleux).

Fig. 1.

Phototypie Berthaud, Paris.

Fig. 2.

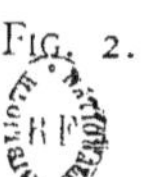

FIG. 1.

Phototypie Berthaud, Paris.

FIG. 2.

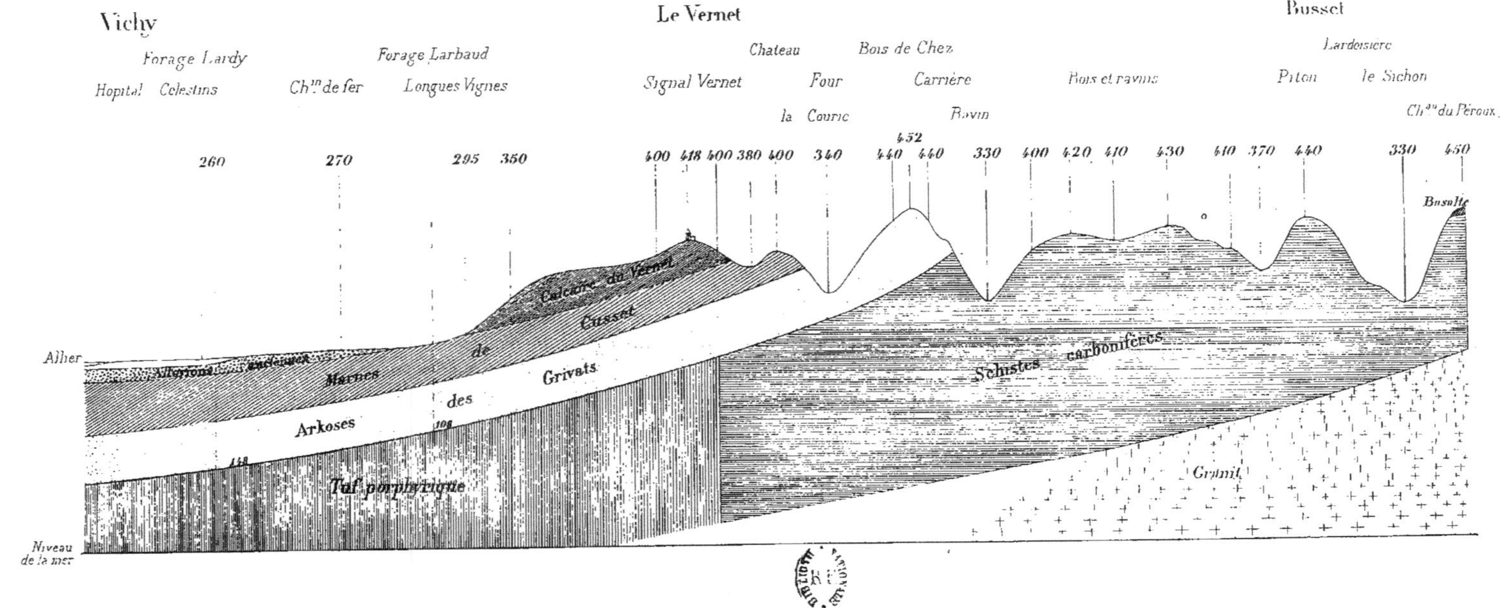

Vichy
Le Vernet
Busset
Forage Lardy
Forage Larbaud
Chateau
Bois de Chez
Lardoisiere
Hopital Celestins
Ch.in de fer
Longues Vignes
Signal Vernet
Four
Carrière
Bois et ravins
Piton
le Sichon
la Couric
Ravin
Ch.au du Péroux.
260
270
295
350
400 418 400 380 400
340
452
440 440
330
400 420 410
430
410 370 440
330 450
Basalte
Alhier
Alluvions anciennes
Marnes
de
Grivats
Calcaire du Vernet
Cusset
Schistes carbonifères
Arkoses
des
108
Granit
118
Tuf porphyrique
Niveau
de la mer

COMPARAISON DES FORAGES DES SOURCES

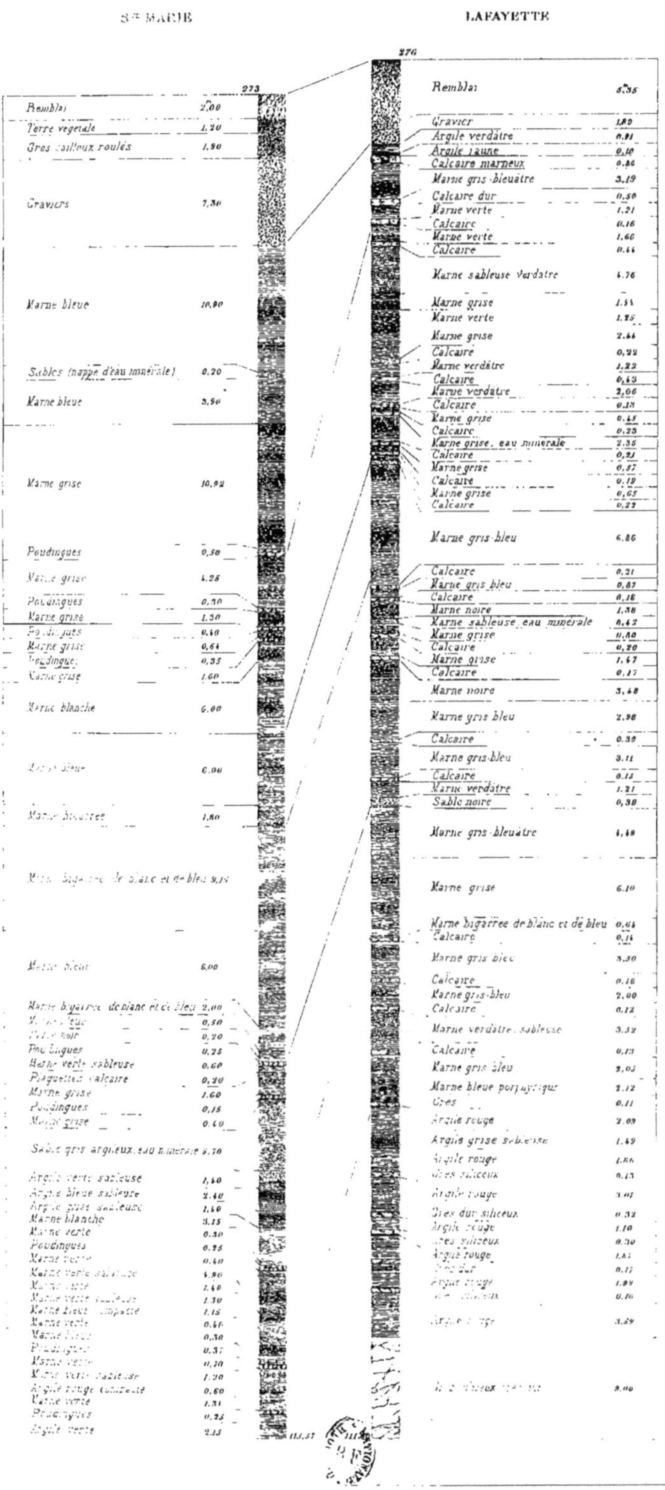

Ste MARIE

273

Nature	Épaisseur
Remblai	2,00
Terre végétale	1,20
Gros cailloux roulés	1,90
Graviers	7,50
Marne bleue	10,90
Sables (nappe d'eau minérale)	0,20
Marne bleue	3,90
Marne grise	10,92
Poudingues	0,50
Marne grise	4,25
Poudingues	0,30
Marne grise	1,30
Poudingues	0,40
Marne grise	0,64
Poudingue	0,35
Marne grise	1,60
Marne blanche	6,00
Marne bleue	6,00
Marne bigarrée	1,80
Marne bigarrée de blanc et de bleu	9,15
Marne bleue	6,00
Marne bigarrée de blanc et de bleu	2,00
Marne bleue	0,50
Marne noir	0,20
Poudingues	0,25
Marne verte sableuse	0,60
Plaquettes calcaire	0,20
Marne grise	1,60
Poudingues	0,15
Marne grise	0,40
Sable gris argileux, eau minérale	5,70
Argile verte sableuse	1,60
Argile bleue sableuse	2,40
Argile grise sableuse	1,60
Marne blanche	3,15
Marne verte	0,30
Poudingues	0,25
Marne verte	0,40
Marne verte sableuse	5,80
Marne verte	1,60
Marne verte sableuse	1,30
Marne bleue compacte	1,15
Marne verte	0,66
Marne bleue	0,30
Poudingues	0,37
Marne verte	0,30
Marne verte sableuse	1,30
Argile rouge compacte	0,60
Marne verte	1,31
Poudingues	0,25
Argile verte	2,15

115,57

LAFAYETTE

276

Nature	Épaisseur
Remblai	5,35
Gravier	1,89
Argile verdâtre	0,91
Argile jaune	0,10
Calcaire marneux	0,86
Marne gris-bleuâtre	3,19
Calcaire dur	0,50
Marne verte	1,21
Calcaire	0,16
Marne verte	1,60
Calcaire	0,44
Marne sableuse verdâtre	4,76
Marne grise	1,55
Marne verte	1,15
Marne grise	2,66
Calcaire	0,22
Marne verdâtre	1,22
Calcaire	0,43
Marne verdâtre	2,06
Calcaire	0,13
Marne grise	0,45
Calcaire	0,23
Marne grise, eau minérale	2,35
Calcaire	0,21
Marne grise	0,67
Calcaire	0,19
Marne grise	0,65
Calcaire	0,22
Marne gris-bleu	6,86
Calcaire	0,21
Marne gris bleu	0,67
Calcaire	0,18
Marne noire	1,38
Marne sableuse eau minérale	0,42
Marne grise	0,40
Calcaire	0,20
Marne grise	1,47
Calcaire	0,17
Marne noire	3,48
Marne gris bleu	2,90
Calcaire	0,38
Marne gris-bleu	3,11
Calcaire	0,13
Marne verdâtre	1,21
Sable noire	0,38
Marne gris-bleuâtre	1,19
Marne grise	6,10
Marne bigarrée de blanc et de bleu	0,64
Calcaire	0,14
Marne gris bleu	3,30
Calcaire	0,16
Marne gris-bleu	2,00
Calcaire	0,12
Marne verdâtre sableuse	3,32
Calcaire	0,13
Marne gris bleu	3,03
Marne bleue porphyrique	2,12
Grès	0,11
Argile rouge	2,09
Argile grise sableuse	1,49
Argile rouge	1,86
Grès siliceux	0,43
Argile rouge	3,07
Grès dur siliceux	0,32
Argile rouge	1,10
Grès siliceux	0,30
Argile rouge	1,83
Grès dur	0,17
Argile rouge	1,99
Grès siliceux	0,76
Argile rouge	3,89
Grès siliceux	9,00

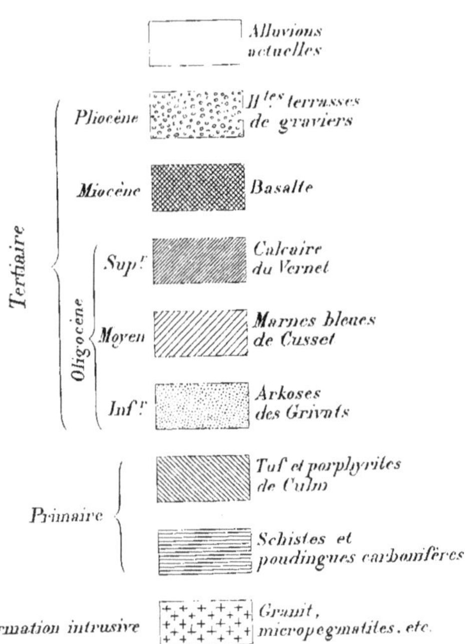

Légende

de la Carte Géologique des environs de Vichy (Allier)

<table>
<tr><td rowspan="6">Tertiaire</td><td colspan="2">Pliocène</td><td></td><td>Alluvions actuelles</td></tr>
</table>

Pliocène — H^{tes} terrasses de graviers

Miocène — Basalte

Oligocène — Sup.^r — Calcaire du Vernet

Oligocène — Moyen — Marnes bleues de Cusset

Oligocène — Inf.^r — Arkoses des Grivats

Primaire — Tuf et porphyrites de Culm

Primaire — Schistes et poudingues carbonifères

Formation intrusive — Granit, micropegmatites, etc.

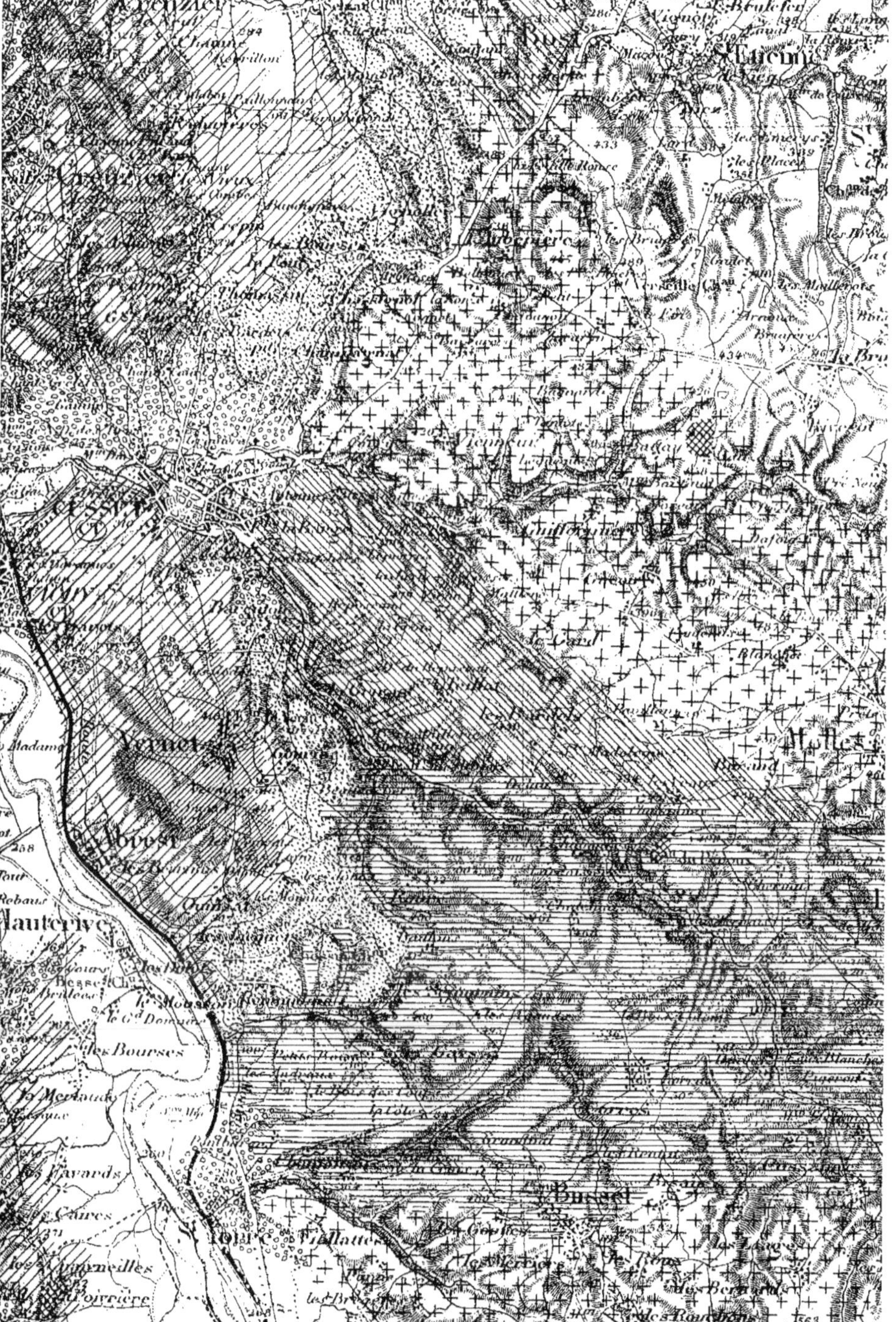

OUVRAGES DU MÊME AUTEUR

1873. **Ortlieb (J.)** et **Dollfus (G.).** — *Compte rendu de l'excursion de la Société Malacologique de Belgique dans le Limbourg belge.* Mai 1873, 20 p. in-8°, 1 pl. coupes, Bruxelles.

1873. **Dollfus (G.)** et **Ortlieb (J.).** — *Réflexions sur le Bassin tertiaire Anglo-Flamand.* (Société Géologique du Nord.) Lille, 4 p.

1874. **Dollfus (G.).** — *Principes de géologie transformiste.* Paris, in-12, 180 p. Savy, éditeur.

1875. **Dollfus (G.)** et **Vieillard (S.).** — *Étude géologique sur les terrains crétacés et tertiaires du Cotentin.* Caen, 184 p., 1 pl. coupes et une carte coloriée.

1875. **Dollfus (G.).** *Note sur des empreintes attribuables à une Actinie.* (? Palœactis vetula) *dans les schistes cambriens des Moitiers d'Allonne (Manche).* Cherbourg, gr. in-8°, 12 p., 1 pl.

1875. — *Observations critiques sur la classification des Polypiers paléozoïques.* Paris, Comptes rendus, in-4°, 4 p.

1876. — *Note sur une nouvelle coupe observée à Rilly-la-Montagne, près Reims.* Lille, in-8°, 24 p., fig.

876. — *Description et classification des dépôts tertiaires des environs de Dieppe.* Lille, in-8°, 16 p., fig.

877. **Dollfus (G.).** — *Bryozoaire nouveau du terrain devonien du Cotentin* (Terebripora capillaris). Caen, in-18, 16 p., 1 pl.

877. — *Contributions à la Faune des Marnes blanches supérieures au Gypse.* Paris, in-8° 4 p., figures. (Bull. Soc. Géol).

877. — *Valvata disjuncta.* Espèce nouvelle des Meulières supérieures des environs de Paris. Bruxelles, 4 p. fig. (Société Malacologique).

877. — *Rapport sur le travail de M. de Cossigny.* « Tableau des terrains tertiaires de la France septentrionale. » Bruxelles, 5 p (Soc. Malacol).

878. — *Les sables de Sinceny.* Note sur le contact des lignites du Soissonnais et des sables de Cuise. Lille, in-8°, 42 p. (Présentée à la Société Géologique de France, le 18 novembre 1878).

878. — et **Vasseur (G).** — *Coupe géologique du chemin de fer de Méry-sur-Oise, entre Bessancourt et Valmondois.* Paris, 26-38 pages, 1 pl. (Bull. Soc. Géol. France) et atlas, 9 feuilles de coupes gravées, grand aigle.

878. — *Observations sur le sondage de Montsoult (Seine-et-Oise).* Paris, 18 p. 1 pl. coupe. (Bull. Soc. Géolog.).

879. — *Les dépôts quaternaires du Bassin de la Seine.* Paris, 28 p. (Bull. Soc. Géolog.).

879. — *Contribution à la stratigraphie parisienne : les sables moyens parisiens dits de Beauchamp.* Paris, 16 p., figures (Bull. Soc. Géol.).

880. — *Esquisse des terrains tertiaires de la Normandie.* Le Havre, 45 p., figures.

880. — *Essai sur l'extension des terrains tertiaires dans le bassin anglo-parisien.* Le Havre, 22 p., 1 grande carte couleurs.

880. — *Notes géologiques sur le nouveau chemin de fer de Beaumont-sur-Oise à Hermes.* Paris, 16 p., figures (Bull. Soc. Géol.).

880. — *Sur l'âge du soulèvement du pays de Bray.* Paris, 2 p. in-4° (Comptes rendus).

881. — *Essai sur la détermination de l'âge du soulèvement du pays de Bray.* (Bull. Soc. Géol.) Paris, 38 p., fig., 2 pl. coupes.

881. — *Découverte de la dolomie dans les sables parisiens moyens.* Paris, 4 p. (Bull. Soc. Géol.).

882. **Dollfus (G.).** *Essai sur la Nomenclature des Êtres organisés.* Paris, 12 p. (Introduction aux Mollusques marins du Roussillon.)

883. — *Liste des coquilles marines recueillies à Palavas (Hérault).* (Feuille d. J. Nat.) 1ᵉʳ juin. 4 p. in-4.

883. — *Nomenclature critique du Trophon antiquus* ou Neptunea antiqua, L. sp. (Murex), Bruxelles, 10 p. in-8°. (Soc. Malac.)

884. — *Le terrain quaternaire d'Ostende et le Corbicula fluminalis.* Mull. sp. Bruxelles, 30 p., 2 pl. (Société Malacologique.)

885. — et **Ramond.** *Liste des Ptéropodes du terrain tertiaire parisien.* Bruxelles, 10 p., 1 pl. (Société Malacologique.)

886. — — *Bibliographie de la Conchyliologie du terrain tertiaire parisien.* Paris, 28 p.

886. **Dollfus (G.).** et **Dautzenberg (Ph.).** *Étude préliminaire des Coquilles fossiles des Faluns de la Touraine.* Paris. (Feuille des J. Nat.) 28 p. (Liste générale des espèces.) Analyse in Bull. Soc. Géol. France. T. XV, 3ᵉ série, p. 143.

887. **Dollfus (G.).** *Quelques nouveaux gisements de terrain tertiaire dans le Jura, près de Pontarlier.* Paris. 16 p., fig. (Bull. Soc. Géol.)

887. **Dollfus (G.)** et **Stanislas Meunier.** *Sur une cire minérale, provenant de Sloboda-Rungorska, Galicie autrichienne, 3 p. in-4°. (Comp. Rendus.) Paris 24 octobre (épuisé).

OUVRAGES DU MÊME AUTEUR *(Suite.)*

1887. **Dollfus (G.).** *Coquilles nouvelles ou mal connues du Sud-Ouest.* I. fasc. Dax. (Soc. Borda r) 6 p., fig.

1888. — *Annuaire géologique universel.* T. III. Revue des animaux inférieurs, Bryozoaires, Anthozoaires, Foraminifères, Spongiaires, Radiolaires pour 1886. Paris, 28 p.

1888. — *Annuaire géologique universel.* T. III. Revue du terrain quaternaire. Paris, 22 p.

1888. — *Une coquille remarquable des faluns de l'Anjou.* (Melongena cornuta Agass.). Angers, 34 p., 4 pl. phototypie.

1888. — et **Dautzenberg (P.).** *Description de coquilles nouvelles des faluns de la Touraine.* Paris. 28 p.; 2 pl. (Jour. Conchyl.).

1888. — *Notice sur une nouvelle carte géologique des environs de Paris.* (Congrès géologique international de 1885.) Berlin. In-4°, 124 p., 50 fig., 2 cartes.

1882-1893. **Bucquoy, Dautzenberg** et **G. Dollfus.** *Les mollusques marins du Roussillon.* Paris. T. I. Gastéropodes, 570 p., 66 pl. (13 livraisons). T. II. 9 livraisons Pélécypodes, 320 p., 67 pl. (en cours de publication).

1889. **Dollfus (G.),** *Annuaire géologique universel.* T. IV. Revue des animaux inférieurs, Bryozoaires, Anthozoaires, Foraminifères, Spongiaires, Radiolaires, pour 1887. Paris, 40 p.

1889. — *Annuaire géologique universel.* T. IV. Revue du terrain quaternaire. Paris. 36 p.

1889. — *Carte géologique de France,* feuille de Paris. Échelle 1/80.000. Paris, 1 feuille, in-f° et notice.

1889. — *Carte géologique de France. — Environs de Paris.* Échelle 1/40.000. Paris. 4 feuilles in-f°, Baudry, éditeurs.

1889. — *Coquilles nouvelles ou mal connues du Sud-Ouest.* Soc. Borda, Dax, II fasc, p. 7 à 14, fig.

1890. **Dollfus** et **Ramond.** *Le Chemin de fer des Moulineaux.* Paris, 12 p. in-8°, 1 pl.

1890. **Dollfus (F.-G.).** *Annuaire Géologique,* T. V. (pour 1888), crustacés inférieurs, 6 p. Bryozoaires, 12 p. Cœlentérés, Foraminifères, Spongiaires, Radiolaires, 48 p. Terrain quaternaire, T. V., 40 p.

1890. — *Lettre à M. l'elge sur le gisement de quelques mammifères du tertiaire Parisien.* (Bull. soc. Malac. de Belg., mars 1890, tome XXV).

1890. — *Recherches sur les ondulations des couches tertiaires du bassin de Paris.* 70 p. in-8°, 1 carte (Bull. de la carte) n° 14, 16 fig.

1891. — *Concordance des couches de l'Eocène du bassin de Paris et de la Belgique.* 3 p. tabl. (Compte rendu de l'Excursion de Palaiseau, 4 p. Bull. soc. géol. v. s., t. XVII).

1891. — *Relations stratigraphiques de l'argile à silex.* (Bull. soc. géol., 3e s., t. XIX, p. 883).

1891. — *Annuaire géologique,* tom. VI pour 1889 : Crust. inf, 4 p. Bryoz, 12 p. Cœlentérés, 49 p. Quaternaire, 47 p.

1892. — *Annuaire géologique,* tome VII, p. 1890 : Crustacés inf., 8 p.; bryozoaires, 10 p.; cœlentérés, 43 p.; quaternaire, 50 p.

1892. — et **Ramond.** *Notice explicative du Profil géologique du chemin de fer de Mantes à Argenteuil.* (Bull. soc. géol., tom., XIX, 45 p., 1 pl.

1892. — *Carte géologique de France feuille de Beaugency* (service de la carte). Notice explicative 1/80.000.

1892. — *Note sur l'axe de Beynes et le tracé de l'Avre.* (Compte rendu soc. géol., 25 avril 1892).

1893. — et **Gauchery (Paul).** *Essai sur la Géologie de la Sologne.* 20 p., cartes, figures (feuilles des j. naturalistes, mars 1893).

1893. — *Annuaire géologique,* tome VIII pour 1891 : Crustacés inférieurs, 10 p.; Bryozoaires, 8 p.; animaux inférieurs, 39 p.; quaternaire, 66 p.

1893. — *Carte géologique de France au 1/320,000.* Région de Paris, 1 feuille (Baudry, édit.).

1893. — *Nouvelles recherches sur les sables de Fontainebleau.* (Compte rendu soc. géol. 1er mai et 5 juin).

1893. — et **Ed. Lippmann.** — *Un Forage à Dives (Calvados).* (Bull. soc. géol. de France, tome XX, p. 386, 392, (20 mai 1893).

1893. — *Considérations sur la limite sud du terrain houiller du Nord de la France.* (Lille, soc. géol. du Nord, tome XXI, fasc. 4).

1893. — *Carte géologique de France,* feuille de Melun 1/80,000 Paris, Imp. Nat., notice (en gravure).

IMPRIMERIE CHAIX, RUE BERGÈRE, 20, PARIS. — 24321-11-93. — (Encre Lorilleux)